Helga Urban

Taschenatlas

Pflanzen für den weißen Garten

156 Pflanzenporträts
166 Farbfotos

Ulmer

Inhaltsverzeichnis

Vorwort 3
Erläuterungen 4
Einführung 6

Porträts 10
Bäume 10
Sträucher 28
Kletterpflanzen 74
Stauden 88
Zwiebel- und Knollenpflanzen 138
Ein- und zweijährige Pflanzen 164

Pflanzen für besondere Gartensituationen 178
Weitere Arten und Sorten 180

Verzeichnisse 184
Ausgewählte Bezugsquellen 184
Weiterführende Literatur 185
Bildquellen 186
Register 187

Bibliografische Information der Deutschen Bibliothek
Die Deutsche Bibliothek verzeichnet diese Publikation in der Deutschen Nationalbibliografie; detaillierte bibliografische Daten sind im Internet über http://dnb.ddb.de abrufbar.

Wollgrasweg 41, 70599 Stuttgart (Hohenheim)
E-Mail: info@ulmer.de
Internet: www.ulmer.de
Umschlaggestaltung: Atelier Reichert, Stuttgart
Lektorat: Hermine Tasche, Doris Kowalzik
Herstellung: Silke Reuter
Reproduktion: BRK, Stuttgart
Druck und Bindung: Appl, Wemding
Printed in Germany

ISBN-13: 978-3-8001-4642-0
ISBN-10: 3-8001-4642-8

Vorwort

Farbkonzepte spielen in der Gartengestaltung eine zunehmend wichtige Rolle. Dabei fällt der Farbe weiß eine Sonderstellung zu. Sie ist die wichtigste Einzelfarbe und bietet die mit Abstand größte Vielfalt an Pflanzen. Herkömmliche Gartenbücher sind jedoch nach den üblichen Gruppen – Gehölze, Stauden etc. – gegliedert, wobei innerhalb jeder Gruppe die Farben bunt gemischt sind. Die Suche nach Pflanzen einer bestimmten Farbe erweist sich dabei oft als recht umständlich, bei der Suche nach Weiß oft als aussichtslos, denn viele weiß blühende Pflanzen sind Raritäten und finden im üblichen Standardsortiment nicht einmal Erwähnung. Dieses Buch ist nach dem erfolgreichen Konzept des Taschenatlas aufgebaut. Es beschreibt 156 Pflanzen auf je einer Buchseite, untergliedert in Bäume, Sträucher, Kletterpflanzen usw. Innerhalb jeder Gruppe sind die Pflanzen alphabetisch nach dem botanischen Namen geordnet.

Bei jeder Gattung wird eine Art oder Sorte – und zwar die abgebildete – ausführlich mit Blütezeit, Blütenform, Wuchs und Laub beschrieben. Weitere Arten und Sorten werden erwähnt, bei umfangreicheren Aufzählungen im Anhang.

Der Schwerpunkt der Beschreibungen liegt auf der Verwendung der Pflanzen in der Gartengestaltung. Auf den Gartenwert, die Verwendung im Garten, den besten Standort und die beste Wirkung (mit Begleitpflanzen) wird, soweit es der knappe Raum erlaubt, ausführlich eingegangen. Um die Verwendung der beschriebenen Pflanzen in der Gartengestaltung zu erleichtern, ist bei jeder Pflanzenbeschreibung auch eine Kennzeichnung des Typs angegeben, zum Beispiel „naturnah“, „grazil“, „prächtig“ usw. Jede Beschreibung wird durch einen (Praxis-) Tipp abgerundet.

Ein schneller Zugriff auf die Pflanzen, die für eine bestimmte Verwendung in Frage kommen könnten, wird durch ein Farbleitsystem gewährleistet sowie durch Symbole, die Informationen zu Blütezeit, Lichtverhältnissen, Duft, Belaubung, Winterhärte und Tönung geben.

Im Anhang finden Sie Informationen zu Pflanzen für besondere Gartensituationen und weitere Arten und Sorten. Verzeichnisse mit weiterführender Literatur und Bezugsquellen, insbesondere von Raritäten, folgen.

Die beschriebenen oder erwähnten Pflanzenarten und -sorten können angesichts des sehr begrenzten Platzes nur eine Auswahl darstellen. Dabei habe ich darauf geachtet, dass alle Jahreszeiten in der Auswahl vertreten sind, also auf Blüten im Garten das ganze Jahr hindurch, was in milden Gegenden durchaus möglich ist. Das Angebot an Pflanzen für den weißen Garten ist riesig. Die Auswahl soll Interessierten nur den Zugang erleichtern. Insbesondere die Kataloge von Spezialbaumschulen und -gärtnereien sind eine Fundgrube für noch viel größere Vielfalt.

Dieses Buch richtet sich in erster Linie an die steigende Zahl der Liebhaber weiß blühender Pflanzen, aber auch an die professionellen Gartengestalter und an den Nachwuchs in Gartenbau und Floristik.

Mein Dank gilt dem Verlag Eugen Ulmer, der mit diesem Taschenatlas einen neuen Weg beschreitet und, natürlich, meinen Lektorinnen Hermine Tasche und Doris Kowalzik für ihre wertvolle Unterstützung.

Frankfurt am Main, im Herbst 2005

Erläuterungen

Bei den botanischen und den deutschen Namen habe ich mich, so weit möglich, strikt am „Zander", dem Handwörterbuch der Pflanzennamen, orientiert.
Folgende Symbole werden verwendet:

Blütezeit

I. Frühling

II. Sommer

III. Herbst

IV. Winter

I.+II. Frühling und Sommer

II.+III. Sommer und Herbst

I.+III. Frühling und Herbst

Für die Unterscheidung der Jahreszeiten wurde folgende Gliederung verwendet:
Frühling: März bis Mai
Sommer: Juni bis September
Herbst: Oktober, November
Winter: Dezember bis Februar

Tönung

Die Blüte der Pflanze ist rein weiß.

Die Blüte erscheint gelblich weiß.

Die Blüte erscheint rosaweiß.

Duft

Die Pflanze duftet.

Die Pflanze duftet nicht.

Lichtanforderungen

Sonniger Standort.

Schattiger Standort.

Halbschattiger Standort.

Sonniger bis halbschattiger Standort.

Halbschattiger bis schattiger Standort.

Laub

sg Die Pflanze ist sommergrün und wirft ihr Laub im Spätjahr ab.

wg Die Pflanze ist wintergrün.

ig Die Pflanze ist immergrün.

Winterhärte

Die Pflanze ist nicht winterhart.

In milden Gegenden ist die Pflanze mit Winterschutz fürs Freiland geeignet.

Die Pflanze ist winterhart.

Giftigkeit

Giftpflanzen sind besonders deutlich gekennzeichnet, und zwar nach den Angaben in Brickell, Christopher (Hsg.): The Royal Horticultural Society A–Z Encyclopaedia of Garden Plants. Auch Pflanzen, bei denen nur Hautreizungen auftreten, sind als Giftpflanzen gekennzeichnet.

Einführung

Faszination Weiß – obwohl es eigentlich keine Farbe ist. Nur Licht, reines Licht. Aber mit welcher Wirkung! Als vollkommenste aller Farben symbolisiert es Reinheit, Jugend, Unschuld, Eleganz, Freiheit und Freude. Weiß verkörpert Leichtigkeit und Transparenz. Und Weiß ist am natürlichsten, denn viele Pflanzen blühen in ihrer Wildform weiß. Ist es da verwunderlich, dass bei der Einteilung der Typen „naturnah" und „anmutig" am häufigsten genannt werden?

Weiß hellt auf. Es macht dunkle Teile eines Gartens sichtbar, hebt sie hervor und weckt damit unser Interesse. Die ideale Farbe für den kleinen Garten, der auf einmal nicht mehr so klein wirkt, wie er ist. Und die ideale Farbe für „Spätheimkehrer". Ein weißer Garten nimmt seine höchste ästhetische Schönheit im abnehmenden Licht an. Die Blüten leuchten noch lange in der Dunkelheit, während rote, blaue oder auch grüne Töne längst von ihr aufgenommen wurden. Bei strahlender Mittagssonne dagegen verliert eine rein weiße Gestaltung. Große Blüten wirken dann plakativ, kleine verlieren ihre Transparenz. Und fotografieren sollte man ein weißen Garten um diese Tageszeit nie und besuchen besser auch nicht.

Einer der bekanntesten Gärten ist ein weißer Garten – und der berühmteste einfarbig gestaltete Garten sowieso: Sissinghurst in England, fast schon eine Legende. Hier wurde ein Gartenteil ganz in weiß gestaltet. Ihn optisch zu vergrößern kann nicht das Konzept gewesen sein. In England sind „Teile" meist größer als unser „Ganzes". Vielleicht sollte er Licht in trübe Tage bringen, ist in einer glücklichen oder traurigen Stimmung entstanden, sollte die Freiheit seiner Schöpferin symbolisieren oder ist einfach aus einer Laune heraus entstanden. Bei Vita Sackville-West durchaus möglich. Wir wissen es nicht.

Es muss nicht gleich ein ganzer Garten sein, ein großer schon gar nicht. Weiß lässt sich überall integrieren, ob als kleines Rondell, als Rabatte, Balkonbepflanzung, kleiner Vorgarten, an einer Kletterwand oder um als Abschluß eines Gartens einen dunklen Teil aufzuhellen. Eine Anregung dazu finden Sie auf Seite 8–9.

Mit Farbe lässt sich hervorragend spielen. Bei aller Kreativität darf die Harmonie nicht verloren gehen. Überraschungseffekte kann man, und sollte man sogar, einsetzen – schockierend dürfen sie nicht sein.

Ein guter Anhaltspunkt ist der Farbkreis. Die Farbenlehre unterscheidet die Grundfarben Gelb, Rot und Blau und Sekundärfarben Orange, Violett und Grün, die sich jeweils aus zwei Grundfarben zusammensetzen. Mischungen mit unterschiedlichen Anteilen zweier Grundfarben ergeben die Farben Gelborange, Orangerot, Rotviolett, Blauviolett, Blaugrün und Gelbgrün. Im Farbkreis

Der zwölfteilige Farbkreis nach Itten.

Einfarbig ist ein weißer Garten nie. Grüntöne sind immer mit im Spiel.

benachbarte Töne wirken immer harmonisch. Komplementärfarben dagegen haben kein gemeinsames Pigment und ergeben Kontraste. Sie liegen im Farbkreis jeweils gegenüber.

Weiß ist die hellste nicht bunte Farbe und doch umfasst sie ein ganzes Spektrum an Tönen, die sich im wechselnden Licht verändern. Eine geheimnisvolle und faszinierende „Nichtfarbe", die in der Gartengestaltung so vielseitig ist wie keine andere. Blau und Violett haben die größte Tiefenwirkung. Sie entfernen sich und nehmen unseren Blick mit. Hier und da ein weißer Tupfer nimmt ihnen die Melancholie.

Weiß ist die ideale Verbindungsfarbe für schwierige Nachbarn. Das klare reine Weiß unterstreicht die Kühle des Blaus, während ein weicheres Cremeweiß zwischen gelben und rosa Tönen vermitteln kann. Eine Abstufung von weiß über rosa, mauve, violett zu blau ergibt eine harmonische Farbfolge.

Je kleiner der zu gestaltende Bereich ist, desto wichtiger ist es, sich zu beschränken. Ganz einfarbig ist ein weißer Garten nie. Und weiß ist noch lange nicht weiß. Gelbe Staubgefäße, cyclamfarbene Fruchtknoten und Beeren in Rot, Blau oder Schwarz sind Farbtupfer, die man bewusst einsetzen kann. Die verschiedenen Braun- und Grautöne der Baumstämme, der Zweige und der Erde, der Steine und des bedeckten Himmels sind ohnehin da. Und Grün in seiner ganzen Vielfalt ist immer mit im Spiel – die ausgesprochen wohltuende Farbe der Natur.

Gerade bei einer weißen Gestaltung spielen Farbe, Textur und Struktur des Laubes eine nicht zu unterschätzende Rolle. Blaue, graue und besonders silbrige Grüntöne sind ideale Partner für weiße Blüten in schattigen Bereichen. Ein Gelbgrün wirkt weniger kühl und bringt Sonne und Wärme ins Bild.

Im Garten profitieren weiße Blüten mehr als andere Farben von einer grünen Kulisse.

Sie ist sogar notwendig, um die Gestaltung nicht zerfließen zu lassen. Vor dem Hintergrund einer ruhigen, dunklen Eibenhecke kommen Stauden wie die Herbstanemone, *A. × hybrida* 'Honorine Jobert' erst richtig zur Geltung. Eine Buchskugel mit ihren winzigen Blättern wirkt formal und beruhigend zwischen filigranem Laub und vielen zarten, kleinen Blüten.

Blütengröße und -form aufeinander abzustimmen erfordert etwas Geschick und Übung. Aber gerade das Kombinieren und Experimentieren macht den Reiz aus. Ein harmonisches Miteinander in einem ausgewogenen Verhältnis ist das Ziel.

Unwillkürlich legt man sich mit einem weißen Garten gleichzeitig einen Duftgarten an. Der Anteil weiß blühender Pflanzen ist unter den duftenden Pflanzen extrem hoch. Das ist kein Zufall. Sie müssen sogar besonders intensiv duften, da die Farbe fehlt. Wie sollten sonst die Insekten den Weg zu ihnen finden? Und wir Menschen sind die Nutznießer.

Je größer die rein weiße Gestaltung ist, desto mehr profitiert sie von einem „bewussten Farbfleck". Für einen Blumenkasten oder eine aufzuhellende Ecke ist er nicht notwendig. Obwohl mein Garten nicht groß ist, habe ich die Farbe violett in einem kleinen Rondell mit einer mächtigen Glyzine als „Höhepunkt" eingesetzt. Auch die Veilchen, die sich ohne mein Zutun eingefunden haben, dürfen hier und da bleiben.

Violett, magisch und erlesen, vornehm und extravagant, kann den Zauber in Weiß noch unterstreichen. Das Auge lässt sich für kurze Zeit ablenken, um sich mit erwachtem Interesse wieder ganz dem Weiß widmen zu können. Es muss nicht violett sein. Unter dem Punkt „Beste Wirkung" in den Pflanzenporträts habe ich auch andersfarbige Begleitpflanzen angegeben, wenn sie das Weiß besonders hervorheben.

Weiß erfordert die wenigsten Kompromisse. Bis auf wenige Ausnahmen, wie Mahonie und Zaubernuss, gibt es von allen Gattungen weiße Arten und Sorten. Selbst von Pflanzen, mit denen man automatisch eine andere Farbe verbindet – wie roter Mohn, blaues Vergissmeinnicht, lila Veilchen und gelbe Osterglocken – gibt es weiße Formen.

Auf vieles dagegen müsste man verzichten, wollte man ein anderes Farbkonzept konsequent durchhalten. Wäre es nicht traurig, ohne die ersten Frühlingsboten, die Schneeglöckchen, auskommen zu müssen? Oder ohne die duftenden Blütenwolken der Obstbäume?

Ein weißer Garten wird zuweilen als elitär, oft sogar als überspannt hingestellt. Dann müsste es die Natur auch sein. Die meisten Arten kommen in weiß vor, farbige Sorten von ihnen sind Züchtungen. Das Gegenteil ist also der Fall: mit weiß schafft man sich den natürlichsten Garten überhaupt. Und nicht nur das. Harmonie und Vielfalt sind mit keiner anderen Farbe in dieser Vollkommenheit zu erreichen. Auch bunt nicht. Denn eines bleibt immer auf der Strecke: entweder die Vielfalt oder die Harmonie. Außer bei Weiß.

„Wer Träume verwirklichen will, muss wacher sein und tiefer träumen als andere."
(Karl Foerster)

Eine dunkle Ecke wird aufgehellt und sogar zum Blickfang

Durch diese, das ganze Jahr über interessante Rabatte lässt sich jede dunkle Ecke aufhellen und wird sogar zum Blickfang. Sie wird im Winkel einer Hecke oder Mauer gestaltet. Die Rundung nimmt ihr die Strenge. Ideal auch als Hochbeet. Alle verwendeten Pflanzen bevorzugen lichten Schatten und leicht sauren Boden. Einmal angelegt, erfordert diese Gestaltung wenig Arbeit und wird von Jahr zu Jahr immer schöner. Sommerblumen wurden bewusst nicht verwendet. Der Storaxbaum (2) bildet den Höhepunkt, blüht im Juni, ist jedoch auch zu den anderen Jahreszeiten attraktiv. Kamelie (3), Porst (5), *Sarcococca* (6), Christrose (7) und *Liriope* (15) sind immergrün, und der Federbuschstrauch (4) hat außer seinen duftenden Blüten im Mai eine leuchtende Herbstfärbung zu bieten. Naturgemäß blüht es bei diesem Standort im Frühling am üppigsten, aber selbst im Winter blüht und duftet es, sogar intensiv. Dafür sorgen das Geißblatt (1) und die beiden Sarcococcas (6). Die Anzahl der Pflanzen ist anhand der Nummern zu ersehen. Bei Narzissen (17), *Leucojum* (18) und Schneeglöckchen (19) wären eine oder zwei Zwiebeln zu wenig.

Pflanzen

1 *Lonicera × purpusii* 'Winter Beauty', XII-II
2 *Styrax obassia*, VI
3 *Camellia* 'China Clay', III-IV
4 *Fothergilla major*, V und Herbstfärbung
5 *Ledum groenlandicum compactum*, V-VI
6 *Sarcococca humilis*, XII-I
7 *Helleborus niger*, I-III
8 *Rhododendron* 'Schneeperle', V-VI
9 *Saxifraga cortusifolia* var. *fortunei*, IX-X
10 *Sanguinaria canadensis* 'Multiplex', IV-V
11 *Polygonatum odoratum*, V-VI
12 *Epimedium × youngianum* 'Niveum', IV-V
13 *Omphalodes verna* 'Alba', IV-V
14 *Heuchera* 'Schneewittchen', V-VII
15 *Liriope spicata* 'Alba', VIII-IX
16 *Cornus canadensis*, V-VI
17 *Narcissus* 'Jenny', III
18 *Leucojum vernum*, III-IV
19 *Galanthus nivalis*, II-III

Frühling III – V

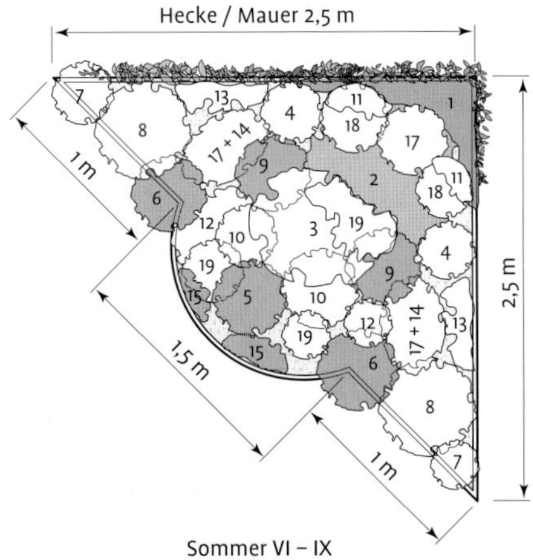

Sommer VI – IX

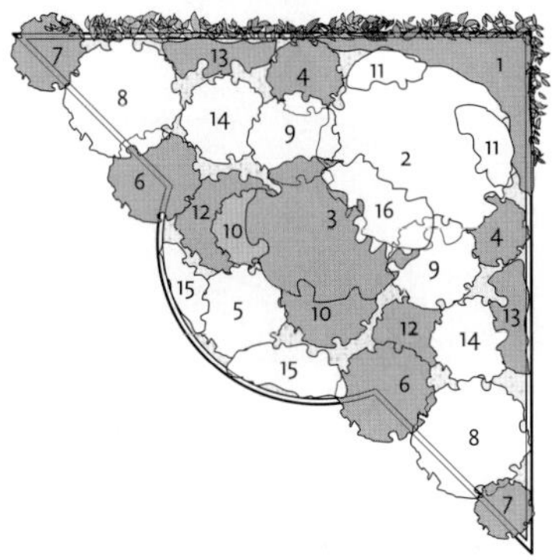

Herbst / Winter X – II

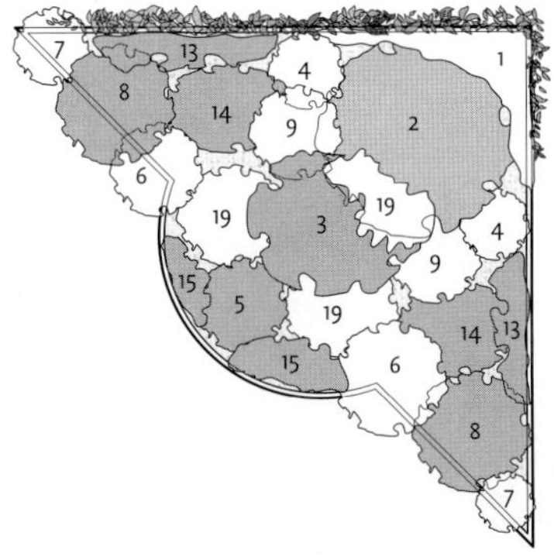

Amelanchier lamarckii

Felsenbirne, Kupfer-Felsenbirne
Rosaceae, Rosengewächse

Blütezeit: April.
Blüte: Strahlend weiße, sternförmige Blüten erscheinen in lockeren Trauben entlang der Äste während das junge Laub sich entfaltet.
Früchte: Blauschwarz, gekocht essbar, süß.
Wuchs: Anmutig; kleiner Baum oder großer Strauch, bis 6 m hoch, ausladend; Rinde graubraun, glatt.
Laub: Breitoval, im Austrieb bronzefarben, Unterseite behaart, später dunkelgrün mit glatter Unterseite; leuchtende Herbstfärbung von gelb über orange bis rot.
Weitere Arten/Sorten: A. *laevis* 'Ballerina' (Syn. *A. lamarckii* 'Ballerina'): bringt besonders viele Beeren hervor, was aber auf Pflaster lästig werden kann.
Tipp: Attraktiv für Vögel als Schutz durch dichte Verästelung und durch die begehrten Früchte. Pflanzen Sie so, dass das Spektakel gut beobachtet werden kann.
Gartenwert: Blüten, Herbstfärbung und Früchte. Außerdem dekorativ im Winter. Durch die feine Verästelung ergibt sich eine schöne Silhouette.
Typ: naturnah.
Bester Standort: Sonne oder Halbschatten. Bodenansprüche gering, am liebsten etwas kalkhaltig, nicht zu naß.
Verwendung: Als Solitär oder als Hintergrund einer Rabatte mit Sträuchern, für windexponierte und rauere Lagen. Auch für die Kultivierung in Töpfen geeignet zur Begrünung von Innenhöfen.
Beste Wirkung: In einem naturbelassenen Garten, indem sie sich frei entfalten darf. Die Felsenbirne läßt sich jedoch auch zu einem attraktiven Solitärstrauch erziehen. Ihre typische glühende Herbstfärbung leuchtet selbst bei trübem Wetter. Sie kommt am besten zur Geltung, wenn der Baum frei im Rasen steht.

Betula utilis subsp. **jacquemontii**
'Silver Shadow'
Weißrindige Himalaya-Birke
Betulaceae, Birkengewächse

Blütezeit: April.
Blüte: Gelbgrüne Kätzchen, männliche Kätzchen 10 bis 12 cm lang.
Früchte: Fruchtkätzchen, überhängend mit Stielen
Wuchs: Hoher Baum von schönem Wuchs, 10 bis 15 m hoch, 6 bis 8 m breit, meist mehrstämmig, laubabwerfend. Schöne weiße Rinde, besonders bei alten Stämmen, leicht abblätternd. Auffallend schön im Winter.
Laub: Groß, glänzend dunkelgrün, goldgelbe Herbstfärbung.
Weitere Arten/Sorten: *B. utilis* **'Doorenbos'**: breitere Krone, kann bis 20 m hoch werden; *B.* ***papyrifera***, Papier-Birke: 18 bis 20 m.
Tipp: Es sieht sehr reizvoll aus, eine Birke zu unterpflanzen. Nur muß im Sommer kräftig gewässert werden.

Gartenwert: Eine der hübschesten Birken mit ihrem regelmäßigen Wuchs und dem auffallend weißen, abblätternden Stamm. Sie kann mit ihrem Habitus alle anderen Bäume an Eleganz und Anmut übertreffen. Birken sind die winterhärtesten Bäume Europas. Sie werfen allerdings Unmengen an Blütenkätzchen ab. Die winzigen „Birkenfitzchen" sind nicht überall willkommen, vor allem nicht bei den Nachbarn, und ohne kräftiges Wässern im Sommer wächst unter ihrer Krone wenig.
Typ: naturnah, elegant, filigran.
Bester Standort: Geringe Ansprüche an Boden und Standort. Am besten lockerer Boden.
Verwendung: Birken kommen in Gärten am besten zur Geltung, wenn man sie in kleinen Gruppen – etwa zu dreien – pflanzt, oder als Solitär. Sie brauchen Platz, um richtig zur Geltung zu kommen.
Beste Wirkung: Vor einem dunklen Hintergrund. Ein absoluter Blickfang im Winter.

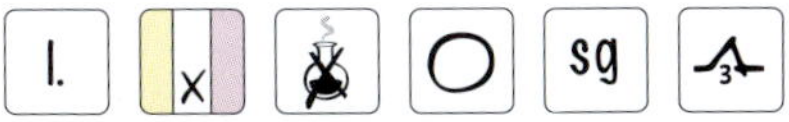

Catalpa bignonioides

Trompetenbaum
Bignoniaceae, Klettertrompetengewächse

Blütezeit: Juni, Juli.
Blüte: Weiße, glockenförmige Blüten mit purpurfarbenen und goldgelben Markierungen in aufrechten, bis zu 25 cm langen Rispen; süß duftend. Blüten erscheinen erst nach 10 bis 15 Jahren.
Früchte: Viele, bis 35 cm lange, dünne Hülsenfrüchte, bleiben im Winter am Baum.
Wuchs: 10 bis 15 m hoch; kurzer Stamm, breite Krone aus dicken, bizarren Zweigen; Rinde grau, gefurcht. Zweige brechen leicht.
Laub: Groß; 15 bis 30 cm lang, 10 bis 25 cm breit herzförmig, frischgrün; erscheint relativ spät im Frühjahr und fällt im Herbst früh wieder ab. Herbstfärbung gelb. Das große Laub ist windempfindlich, verströmt bei Beschädigung einen aromatischen Duft.
Weitere Arten/Sorten: 'Aurea', Goldener Trompetenbaum: bleibt deutlich kleiner, 6 bis 8 m hoch. Laub im Austrieb bronzefarben, dann goldgelb, zur Zeit der Blüte fast grün. Herbstfärbung wieder gelb; weiße Blüten mit auffälligen gelben Markierungen.
'Nana': eine buschige Zwergform auf Hochstamm gepfropft, ist ein Kleinbaum mit anfangs kugeliger Krone, später abflachend. Blüht selten oder gar nicht. Blätter kleiner.
Tipp: Ein Rückschnitt wird zwar vertragen, es leidet aber die natürliche Optik.
Gartenwert: Ein sehr attraktiver Baum mit großen, herzförmigen Blättern und glockenförmigen Blüten in Rispen. Die Früchte sind allerdings nicht jedermanns „Geschmack".
Typ: prächtig.
Bester Standort: Windgeschützt. Bodenansprüche gering, kein nasser Boden.
Verwendung: Als Solitär in großen Gärten.
Beste Wirkung: In absoluter Einzelstellung. In kleinen Gärten ist 'Nana' sehr dekorativ zu beiden Seiten eines Eingangs; sehr formale Wirkung.

Cornus nuttallii 'Ascona'

Hartriegel
Cornaceae, Hartriegelgewächse

Blütezeit: Mai.
Blüte: Die 10 cm große „Blüte“ besteht aus einem unscheinbaren Blütenköpfchen, das von 6 auffälligen, cremeweißen bis rosa überhauchten Hochblättern umgeben ist.
Früchte: Dekorative, beerenartige Steinfrüchte, orangerot, 1 cm groß.
Wuchs: Elegant, aufrecht, transparent, nicht ganz so in die Breite gehend wie andere Cornus-Arten; Höhe 6 bis 8 m; junge Zweige im Winter purpurrot.
Laub: Breit eiförmig bis oval, grün, 6 bis 12 cm, attraktive Herbstfärbung.
Weitere Arten/Sorten: *C.* ***nuttallii*** **'Monarch'**; *C.* ***alba*** **'Eglantissima'**; *C.* ***controversa***, Pagoden-Hartriegel; *C.* ***controversa*** **'Variegata'**: mit panaschiertem Laub; *C.* ***florida***, Blumen-Hartriegel: 4 Hochblätter pro Blüte, Beeren rot; *C.* ***kousa*** var. ***chinensis***: 4 Hochblätter, rote, erdbeerartige Früchte.
Tipp: Um die leuchtende Färbung der jungen Zweige zu fördern, ist es ratsam, jedes Jahr ein Drittel der alten Zweige zu entfernen.
Gartenwert: Kleiner Baum mit elegantem Wuchs, dekorativen „Blüten“ und Früchten, besonders bei *C. kousa*. Hübsche Herbstfärbung; junge Triebe auch im Winter attraktiv.
Typ: elegant.
Bester Standort: Humusreicher, leicht feuchter Boden, gegen kalte Ostwinde geschützt, sonnig bis halbschattig.
Verwendung: Als Solitär in kleinen Gärten, auch in Vorgärten, vielseitig zu verwenden, selbst als Blickfang in einer Rabatte.
Beste Wirkung: *C. controversa*, *C. alba* und *C. kousa* wirken am besten in einem asiatisch gestalteten Umfeld. Durch die grazile Wuchsform wirkt der Hartriegel sehr transparent. Ein ruhiger, schöner Hintergrund ist ideal. Die leuchtenden jungen Zweige gegen einen grauen Winterhimmel sind erhebend.

Crataegus × grignonensis

Weißdorn

Rosaceae, Rosengewächse

Blütezeit: Mai, Juni.

Blüte: Kleine weiße Blüten in Dolden.

Früchte: Rund, glänzend rotbraun, bleiben bis zum ersten Frost am Baum.

Wuchs: Kleiner Baum, bis 6 m hoch, bildet breite Krone, wenig Dornen. Da das Wurzelwachstum sehr gering ist, muß der Baum gut verankert werden.

Laub: Dunkelgrün, unterseits hellgrün, hält sich lange am Baum.

Weitere Arten/Sorten: *C.* ***laciniata*** (Syn. *C. orientalis*): ein hübscher, kleiner, kompakter Baum mit charakteristischem graugrünem Laub. Den weißen, angenehm süß duftenden Blüten folgen große, attraktive, orangefarbene Früchte. *C.* × ***persimilis*** (Syn. *C. prunifolia*) **'MacLeod'**: weiße, üppige Blüte und große, scharlachrote Früchte; gelbrote Herbstfärbung des Laubes, das bis in den Winter hinein am Baum bleibt. *C.* ***laevigata*** **'Plena'**: mit den gefüllten weißen Blüten, die sich im Abblühen altrosa färben, ein reizender Anblick. Die Krone ist dicht und fast rund. Trägt keine Früchte.

Tipp: Der „Duft" des Weißdorns wird oft eher als fischiger bis stechender Geruch empfunden, vor allem aus der Nähe. Bei den hier vorgestellten Arten und Sorten ist dies weniger der Fall, bei *C. laciniata* ist er sogar angenehm süß.

Gartenwert: Ein sehr winterharter kleiner Baum, schön geformt, auch im Winter attraktiv durch den lang anhaltenden Fruchtschmuck.

Typ: naturnah.

Bester Standort: Anspruchslos, am liebsten nicht zu trocken; aber windempfindlich.

Verwendung: Als Solitär oder in kleinen Gruppen, für kleinere Straßen.

Beste Wirkung: In der freien Natur und in naturbelassenen größeren Gärten.

Davidia involucrata

Taubenbaum, Taschentuchbaum
Davidiaceae, Taubenbaumgewächse

Blütezeit: Mai.
Blüte: Die eigentliche Blüte ist unscheinbar, bräunlich violett. Das spektakuläre Aussehen während der Blütezeit erhält der Baum durch große, herabhängende, cremeweiße Hochblätter („Taschentücher"), je zwei pro Blüte, unterschiedlich groß, das eine etwa 16 cm lang, das andere etwa 8 cm. Bis er allerdings so spektakulär blüht, kann es 10 Jahre und länger dauern. Dann aber blüht er regelmäßig und ausgesprochen reich.
Früchte: Kugelige Steinfrüchte, bräunlich, an langen Stielen herabhängend.
Wuchs: Mittelhoher bis hoher Baum, laubabwerfend, wird bei uns etwa 10 bis 12 m hoch.
Laub: Herzförmig bis eirund und zugespitzt, grob gesägt. Unterseite grau behaart. Das junge Laub ist aromatisch.
Weitere Arten/Sorten: Die Gattung *Davidia* besteht nur aus der einen Art. Die Unterart *D.* ***involucrata*** var. ***vilmoriniana*** ist mit der Art fast identisch.
Tipp: Schauen Sie sich einmal einen ausgewachsenen Baum in voller Blüte in einem botanischen Garten, zum Beispiel im Frankfurter Palmengarten an.
Gartenwert: Wegen der langen Wartezeit, bis der Baum zu blühen beginnt, und wegen der Frostempfindlichkeit junger Pflanzen ist der Baum selten zu sehen und deshalb eine ganz besondere Rarität. Auffallende „Blüten" und attraktive Rinde.
Typ: außergewöhnlich.
Bester Standort: Sonnig, geschützt (Weinbauklima). Junge Pflanzen sind frostgefährdet.
Verwendung: Als Solitär in größeren Gärten.
Beste Wirkung: In Einzelstellung. Auf keinen Fall sollte ihm zu seiner Blütezeit im Spätfrühling etwas anderes die Show stehlen. Sommerblühende Sträucher dagegen sind eine ideale Ergänzung.

Halesia monticola ♀

Schneeglöckchenbaum

Styracaceae, Storaxbaumgewächse

Blütezeit: April, Mai.

Blüte: Klein, weiß, glockenförmig in Büscheln, hängend wie Schneeglöckchen, sehr auffällig, erscheinen zusammen mit den Blättern am vorjährigen Holz. Am besten von unten zu sehen.

Früchte: Attraktive geflügelte Steinfrüchte, blaßgelb; halten sich lange am Baum.

Wuchs: Mittelhoher bis hoher Baum, bis 10 m, auch höher, breit kegelförmig. Attraktiv abblätternde Rinde.

Laub: grün, Herbstfärbung leuchtend gelb, sehr spät.

Weitere Arten/Sorten: *H. carolina*: bleibt deutlich kleiner, Höhe 6 bis 8 m. Auch die Blüten sind kleiner. Die Krone wird deutlich breiter.

Tipp: Da er an den vorjährigen Zweigen blüht, muss ein Rückschnitt nach der Blüte erfolgen.

Gartenwert: Die hängenden, glockenförmigen Blüten, die von interessanten, grünen, geflügelten Früchten abgelöst werden, und die leuchtende Herbstfärbung machen die *Halesia* zu einem Blickpunkt im Garten. Ein sehr gesunder Baum.

Typ: ausgefallen, üppig.

Bester Standort: Humoser, leicht feuchter Boden, neutral bis sauer, geschützt vor kalten Winden. Benötigt hohe Luftfeuchtigkeit.

Verwendung: Als Solitär in großen Gärten.

Beste Wirkung: In Wassernähe, an einem Teich oder Bachlauf, nicht nur wegen der Luftfeuchtigkeit – es sieht auch wunderschön aus, wenn sich die Blüten im Wasser spiegeln. Außerdem als Blickfang vor großen Koniferen oder als „Höhepunkt" zwischen Rhododendron und Kamelien. Da die hängenden Blüten oft vom Laub verdeckt werden, sollte die Möglichkeit bestehen, sie von unten zu betrachten.

I. | X | sg

Lagerstroemia × fauriei 'Natchez'

Lagerströmie, Kräuselmyrte
Lythraceae, Blutweiderichgewächse

Blütezeit: August, September.
Blüte: Zahlreiche kleine, rein weiße Blüten in großen Rispen. Je sonniger der Standort, umso reicher die Blüte. Feiner, süßer Duft.
Früchte: Kleine, dunkelbraune, holzige Kapseln bleiben den Winter über an den Zweigen.
Wuchs: Kleiner, laubabwerfender Baum von edlem Wuchs, meist mehrstämmig, einstämmig als besondere Rarität. Rinde glatt, seidig, zimtbraun, leicht abblätternd, für sich eine Schönheit.
Laub: Glänzend dunkelgrün, zusätzlich herrliche Herbstfärbung. Erscheint spät im Frühjahr und fällt nach dem ersten Frost ab. Das Laub dieser Sorte gilt als mehltauresistent.
Weitere Arten/Sorten: 'Sarah's Favorite': schön wie 'Natchez', blüht länger, soll etwas winterhärter sein; **'Acoma'**: ausladender Wuchs, graubraune Rinde. Ein alter Stamm wirkt knorrig und sehr eindrucksvoll.
Tipp: Sollten Sie in Deutschland nicht fündig werden, versuchen Sie es in Holland.
Gartenwert: Sensationell späte Blüte und lange Blütezeit; leuchtende Herbstfärbung, herrlicher Wuchs; klein bleibend; auffallende, wunderschöne Rinde.
Typ: außergewöhnlich, elegant.
Bester Standort: Wächst und blüht am besten in voller Sonne und leicht saurem Boden, geschützt vor kalten Winden.
Verwendung: Als Solitär selbst in kleinsten Gärten, für Vorgärten und Innenhöfe.
Beste Wirkung: In einer Umgebung, in der diese Rarität das ganze Jahr über voll zur Geltung kommt. Die zimtbraune Rinde wirkt am besten vor einem grünen oder weißen Hintergrund. Im Winter und Vorfrühling unterpflanzt mit Frühlingsblühern sieht sie entzückend aus. Im Sommer sollte ihr keine Unterpflanzung die Show stehlen.

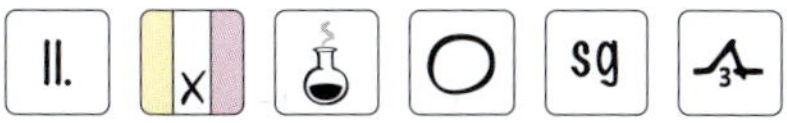

Magnolia grandiflora 'Alta'

Immergrüne Magnolie
Magnoliaceae, Magnoliengewächse

Blütezeit: Juli bis September.
Blüte: Weiß, schalenförmig, sehr groß, fruchtiger Duft.
Früchte: Oval, orangerot, etwa 10 cm.
Wuchs: Mittelgroßer Baum, bis 10 m; besonders schöner, aufrechter Wuchs (Säulenform); lässt sich leichter als andere Sorten verpflanzen.
Laub: Immergrün, groß, auffallend, 12 bis 20 cm, Oberseite glänzend dunkelgrün, Unterseite mittelbraun.
Weitere Arten/Sorten: **'Bracken´s Brown Beauty'**: eine Rarität mit zimtbrauner Blattunterseite, dichter Wuchs, besonders winterhart; **'Edith Bogue'**: cremeweiß, verhältnismäßig winterhart; **'Exmouth'**: sehr große Blüten mit frischem Zitronenduft, blüht schon in jungen Jahren; **'Gallissonière'**: Sehr alte Sorte, es gibt inzwischen bessere; **'Goliath'**: Blüten erscheinen bereits bei sehr jungen Pflanzen; kurze, breite Blätter; **'Little Gem'**: kleiner im Wuchs, auch Blüten und Blätter kleiner.
Tipp: Die Suche nach besonders winterharten Sorten lohnt sich, besonders in Holland, Frankreich und in der Schweiz.
Gartenwert: Viele Sorten sind in den letzten Jahren auf den Markt gekommen. 'Alta' gehört zu den besonders winterharten. Glänzendes, grünes Laub das ganze Jahr hindurch, große, exotische, wunderbar duftende Blüten im Sommer, dekorative Früchte im Herbst. Etwas ganz Besonderes.
Typ: Prächtig, edel, exotisch.
Bester Standort: Geschützt; sonnig.
Verwendung: Als Solitär am besten vor einer von der Sonne beschienenen Mauer.
Beste Wirkung: Vor einem schlichten Hintergrund, einer hellen Hausmauer, auch vor einer Backsteinmauer. In einem kleinen Garten als Mittelpunkt.

Magnolia × loebneri 'Merrill'

Sommergrüne Magnolie
Magnoliaceae, Magnoliengewächse

Blütezeit: April.
Blüte: Weiß mit einem rosa Schimmer; sternförmig; 10 bis 15 cm, duftend; Knospen weniger empfindlich gegen Nachtfröste.
Früchte: selten.
Wuchs: Kleiner Baum, 3 bis 5 m, Krone breit vasenförmig.
Laub: Hellgrün, oval, 10 bis 15 cm lang.
Weitere Arten/Sorten: *M.* ***denudata***: mittelgroßer Baum, bis 9 m hoch; reinweiße, schalenförmige Blüte, nach Zitrone duftend; eine Rarität; *M.* ***kobus***: mittelgroßer Baum, 8 bis 12 m hoch, vergleichsweise bodentolerant; Blüte weiß; blüht in jungen Jahren zögerlich, erst nach 10 bis 15 Jahren reichblühend; *M.* × ***soulangeana*** **'Alba Superba'**: Kleiner Baum, 4 bis 6 m, oft mehrstämmig; Blüten rein weiß, tulpenförmig, duftend.
Tipp: Wie bei allen im Frühjahr blühenden Magnolien pflanzt man am besten so, dass die Morgensonne die eventuell gefrorenen Knospen nicht auftauen kann.
Gartenwert: *M. × loebneri* vereint den aufrechten Wuchs von *M. kobus* mit den sternförmigen Blüten von *M. stellata*.
Typ: elegant.
Bester Standort: Geschützt; leicht saurer und gleichmäßig feuchter Boden; Sonne bis lichter Schatten.
Verwendung: Als Solitär, auch mit Sträuchern wie Rhododendron, Azaleen oder – an besonders günstigen Standorten – Kamelien.
Beste Wirkung: Völlig alleinstehend, unterpflanzt mit Frühlingsblühern wie Schneeglöckchen und kleinblütigen Narzissen. Eine Bank rund um den Stamm lädt zum Sitzen ein, entweder unter den Blüten im Frühling oder im Schatten des Laubes im Sommer.

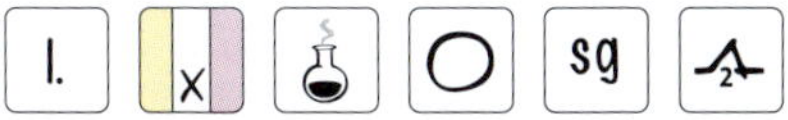

Magnolia stellata

Stern-Magnolie
Magnoliaceae, Magnoliengewächse

Blütezeit: März, April.
Blüte: Strahlend weiß, mit bis zu 20 schmalen, sternförmig angeordneten Blütenblättern, bis zu 10 cm Durchmesser, leicht duftend. Die Blüten erscheinen vor dem Blattaustrieb. Leidet bei Spätfrost. Die großen, samtig behaarten Blütenknospen zieren den kahlen Baum im Winter.
Früchte: Keine.
Wuchs: Ein großer Strauch oder ein kleiner Baum, der langsam wächst und 3 bis 5 m hoch wird. Laubabwerfend. Baut langsam eine dicht verzweigte, runde Krone auf.
Laub: Mittelgrün, schmal.
Weitere Arten/Sorten: *M.* **stellata 'Royal Star'**: hat schneeweiße, größere Blüten, wächst schneller, blüht schon als ganz junge Pflanze und ist frosthärter.
Tipp: Mit *Sarcococca* unterpflanzen, je ein Strauch auf jeder Seite.
Gartenwert: Die Stern-Magnolie blüht nicht nur bereits im zeitigen Frühjahr, sie ist auch eine der wenigen Magnolien, die schon in jungen Jahren zu blühen beginnt. Das ist ein wichtiger Aspekt bei einem Baum, der wegen seiner Blüten gepflanzt wird. Der ideale Baum für einen kleinen Garten, sogar für einen kleinen Vorgarten.
Typ: filigran.
Bester Standort: Geschützt. Boden leicht sauer bis neutral.
Verwendung: Einzeln als Blickfang im Vorgarten oder als „Höhepunkt" zwischen Moorbeetpflanzen.
Beste Wirkung: Als Solitär vor einem dunklen Hintergrund, etwa einer Hausmauer oder einer immergrünen Hecke (Eibe oder Kirschlorbeer). Unterpflanzt mit Schneeglöckchen, *Scilla* und anderen niedrigen Zwiebelpflanzen ergibt sich ein zauberhaftes Frühlingsbild.

Malus baccata 'Street Parade'

Zier-Apfel
Rosaceae, Rosengewächse

Blütezeit: Ende April bis Mitte Mai.
Blüte: Einfach; etwa 5 cm groß; in Büscheln zu 4 bis 8 Blüten; aus rosa Knospen entwickeln sich rein weiße Blüten.
Früchte: Etwa 1,5 cm groß, beerenartig (baccatus = „mit Beeren"), rund, glänzend violett- bis braunrot, sehr hart.
Wuchs: Kleiner Baum, 5 bis 6 m, laubabwerfend; baut eine schmale Krone auf, besonders geeignet für kleine Gärten.
Laub: Anfangs hellgrün, später olivgrün.
Weitere Arten/Sorten: *M.*-Hybride **'Evereste'**: dunkel violettrosa Knospen öffnen sich zu rein weißen Blüten. Herbstfärbung des Laubes gelborange. Orangerote Früchte bleiben bis in den Winter hinein hängen. *M.*-Hybride **'Professor Sprenger'**: aus dunkelrosa Knospen entfalten sich duftende weiße Blüten. Goldgelbe Herbstfärbung. Langhaftende, orangefarbene Früchte. Bevorzugt etwas trockeneren Boden. *M.*-Hybride **'Wintergold'**: aus rosa Knospen erscheinen rein weiße, einfache Blüten in Büscheln. Goldgelbe, kugelige, lang gestielte Früchte von 1,5 cm Durchmesser haften bis in den Januar hinein am Baum.
Tipp: Die herabfallenden Zieräpfelchen verrotten kaum und fangen bei Wärme an zu gären. Besser aufsammeln.
Gartenwert: Reichblühend, durch seinen geringen Umfang besonders für kleine Gärten geeignet.
Typ: üppig.
Bester Standort: Sonnig; nährstoffreicher, gut durchlässiger Boden.
Verwendung: Als Solitär.
Beste Wirkung: Wenn er mehrstämmig auswachsen darf. Die typische knorrige Wuchsform kommt am besten ohne Unterpflanzung auf einem Rasen oder einer Wiese zur Geltung.

Photinia × fraseri ‘Red Robin’

Glanzmispel

Rosaceae, Rosengewächse

Blütezeit: Mai, Juni.
Blüte: Weiß, in breiten Trugdolden.
Früchte: Rote Beeren, erbsengroß; anfangs rot, später schwarz; nicht genießbar.
Wuchs: Kleiner Baum, 3 bis 5 m, immergrün; Form der Krone läßt sich durch Rückschnitt leicht festlegen; frostgefährdet.
Laub: Immergrün; ledrig, glänzend (daher der Name der Gattung: photeinos = glänzend), 8 bis 15 cm; anfangs leuchtendrot, später grün; Herbstfärbung der oberen Blätter bordeauxrot.
Weitere Arten/Sorten: *Ph.* × ***fraseri*** **‘Robusta’**: hat besonders dickes, ledriges Laub und ist weniger frostgefährdet; *Ph.* ***villosa***: ist laubabwerfend, Blattaustrieb bronzefarben, wunderschöne Herbstfärbung in leuchtendem Rot und Gold. Glänzend rote Beeren bleiben den ganzen Winter über am Baum. Gedeiht am besten in saurem Boden.
Tipp: *Photinia* kann in einem Topf auch einen kleinen Balkon verschönern.
Gartenwert: Ein Blickfang das ganze Jahr hindurch: schönes Laub, auffallender Austrieb, kleine Blüten, lang haftende Früchte und Herbstfärbung.
Typ: prächtig.
Bester Standort: Geschützt vor kalten, austrocknenden Winden, zum Beispiel durch eine Mauer oder durch Bäume.
Verwendung: Sehr vielseitig: einzeln, auch in Gruppen, als „Höhepunkt“ in einer Rabatte oder zwischen Sträuchern. Sehr hübsch als Hochstamm gezogen zu beiden Seiten eines Eingangs. Etwas Besonderes: als Hecke gezogen (nur in bevorzugtem Klima).
Beste Wirkung: Als Solitär vor einem ruhigen Hintergrund. Der aparte Blattaustrieb im Frühjahr und die leuchtende Herbstfärbung bei *Photinia villosa* kommen so am besten zur Geltung.

Prunus serrulata 'Shirotae' (Syn. 'Mount Fuji')

Zier-Kirsche, Japanische Kirsche
Rosaceae, Rosengewächse

Blütezeit: Ende April, Anfang Mai.
Blüte: Weiß, nach Mandeln duftend; einfach bis gefüllt, in Büscheln zu 3 bis 7.
Früchte: Selten.
Wuchs: Laubabwerfender kleiner Baum, 4 bis 6 m hoch, 8 bis 10 m breit.
Laub: Im Austrieb hellgrün, später dunkler, Herbstfärbung hellgelb.
Weitere Arten/Sorten: *P.* ***avium*** **'Plena'**, Vogel-Kirsche: 7 bis 12 m hoch, überhängend, Blüten rein weiß, gefüllt, keine Früchte; *P.* × ***gondouinii*** **'Schnee'**: kleiner Baum, 5 bis 6 m hoch, Blüten einfach, schneeweiß, in Büscheln à 10 Blüten, kaum Früchte; *P.* ***padus*** **'Nana'**, Trauben-Kirsche: kleiner Baum, 3 bis 4 m hoch, dichte kugelrunde Krone, Blüten weiß, duftend, in überhängenden Trauben, schwarze Beerenfrüchte; eine Rarität; *P.* **'Umineko'**: kleiner Baum, 6 bis 8 m hoch, schmal aufrecht, Blüten einfach, weiß, Blütezeit April, besonders reichblühend; *P.* × ***yedoensis***, Tokyo-Kirsche: mittelhoher Baum, 8 bis 10 m hoch, 6 bis 8 m breit, Blütezeit März bis April, Knospen zartrosa, Blüten rein weiß; *P.* ***serrulata*** **'Jo-nioi'**: Zierkirsche, breitwüchsig, weiße Blütenpracht im Mai mit köstlichstem Mandelduft.
Tipp: Wenn Sie auch in den Genuß leckerer Früchte kommen wollen, bietet sich die Sauerkirsche, *P. cerasus*, an.
Gartenwert: Dekorativer kleiner Baum mit duftiger Blütenpracht im Frühling.
Typ: duftig.
Bester Standort: Nährstoffreicher, kalkhaltiger, feuchtigkeitshaltender, aber nicht nasser Boden; Sonne oder Halbschatten.
Verwendung: Als Solitär in Gärten mit asiatischer Gestaltung.
Beste Wirkung: Vor einem dunklen, immergrünen Hintergrund.

I. | X | sg

Pyrus calleryana 'Chanticleer'

Zier-Birne, Chinesische Wildbirne
Rosaceae, Rosengewächse

Blütezeit: April, Mai.
Blüte: Weiß, sehr zahlreich, in Dolden.
Früchte: Unscheinbar, birnenartig, ungenießbar.
Wuchs: Niedriger bis mittelhoher oder gar hoher Baum, bis 12 m hoch, aufrecht.
Laub: Glänzend dunkelgrün; Herbstfärbung gelb, orange, rot.
Weitere Arten/Sorten: *P.* ***calleryana*** **'Capitol'**: 8 bis 10 m hoch, höchstens 3 m breit, noch schmaler als 'Chanticleer'; *P.* ***nivalis***: Schnee-Birne; 6 bis 10 m hoch, mit runder, lockerer Krone. Fast schwarzer Stamm, ein wunderschöner Kontrast zu den schneeweißen Blüten. Benötigt volle Sonne; *P.* ***salicifolia*** **'Pendula'**, Weidenblättrige Birne: 5 bis 6 m hoch mit überhängenden, silbergrauen Zweigen, auch die Rinde ist silbergrau. Die Blütenrispen fallen zwischen den schmalen Blättern kaum auf; *P.* ***serrulata***: 5 bis 10 m hoch mit breit ovaler Krone. Die jungen Blätter sind grau wollig behaart, später sind die Blätter glatt und dunkelgrün. Weiße, schöne Blütenrispen.
Tipp: Ein idealer kleiner Baum für gepflasterte Bereiche und Innenhöfe.
Gartenwert: Attraktiver, problemloser Baum von schönem Wuchs, eine duftige Blütenwolke im Frühling und Herbstfärbung der Blätter.
Typ: filigran, duftig.
Bester Standort: Keine besonderen Ansprüche, verträgt Trockenheit.
Verwendung: Einzeln oder in Reihen zur Anpflanzung im Garten, in schmalen Alleen oder Straßen. Gut resistent gegen Luftverschmutzung. Gut geeignet für windexponierte Lagen.
Beste Wirkung: Als Solitär während der üppigen Blüte ohne Konkurrenz. Als Auflockerung zwischen oder vor Immergrünem.

Styrax obassia

Storaxbaum

Styracaceae, Storaxbaumgewächse

Blütezeit: Mai, Juni.
Blüte: Klein, weiß, glockenförmig, duftend, hängen in langen, lockeren, endständigen Trauben unter den Zweigen, am besten von unten zu sehen.
Früchte: Fast kugelförmige Steinfrüchte.
Wuchs: Laubabwerfender, niedriger bis mittelhoher Baum, bis 10 m, von anmutigem Wuchs. Rinde von 2-Jahres-Trieben von weichem Graubraun und abblätternd. Auch im Winter elegant und dekorativ.
Laub: Sehr schön, groß, rundlich, samtige Unterseite; nur gelegentlich blassgelbe Herbstfärbung.
Weitere Arten/Sorten: *S. japonica*: Blütezeit etwas später; etwas kleiner im Wuchs; auch etwas kleineres Laub, so dass man die Blüten besser sehen kann; etwas leichter zu beschaffen; aber Blüten nicht duftend; weniger winterhart.
Tipp: Wenn in Deutschland nicht zu bekommen, versuchen Sie es in Holland.
Gartenwert: Winterhärter als die bekanntere Art *S. japonica* und duftend. Blütezeit Spätfrühling, eine Zeit, in der nicht mehr viele Bäume blühen. Sehr schönes Laub und anmutiger Wuchs.
Typ: anmutig, selten.
Bester Standort: Geschützt vor kalten Winden, durchbrochener Schatten ist ideal; feuchter, gut durchlässiger saurer Boden.
Verwendung: als Solitär für kleinere Gärten oder Gartenteile mit saurem Boden.
Beste Wirkung: Am effektvollsten als Solitär in einer Umgebung mit Kamelien, Azaleen, Lavendelheide, *Nandina domestica* und Schneeglöckchen, Christrosen und kleineren Narzissen. Von den Blüten hat man am meisten, wenn man sie von unten betrachten kann. Die Rinde kommt am besten vor einem dunklen Hintergrund zur Geltung.

Sträucher

Brugmansia × candida 'Double White'

Engelstrompete, Stechapfel, „Datura"
Solanaceae, Nachtschattengewächse

Blütezeit: Juli bis September
Blüte: Sehr große, hängende, trompetenförmige, gefüllte Blüten in großer Zahl, exotisch duftend, besonders intensiv am Abend.
Früchte: Beerenartig, unbedeutend.
Wuchs: Bildet während des Sommers einen hübschen, kompakten Strauch.
Laub: Hellgrün, weich mit leichter Behaarung.
Weitere Arten/Sorten: *B.* ***suaveolens*** **'Alba'**: besonders starkwüchsig und blühfreudig, trichterförmige Blüte mit intensivstem Duft; *B.* ***arborea*** **'Knightii'**: dicht gefüllt.
Tipp: Die noch verwendete Bezeichnung „Datura" ist botanisch überholt. Zur Gattung Datura zählen heute nur noch nicht-strauchige Pflanzen mit aufrecht stehenden Blüten.
Gartenwert: Exotische, intensiv duftende Blüten bringen ein südliches Flair in den Garten.
Typ: prächtig, exotisch.
Bester Standort: Unter Glas am besten direkt in ein Beet ausgepflanzt. In einem großen Topf den Sommer über im Freien, Überwinterung – nach einem kräftigen Rückschnitt – problemlos an einem frostfreien Platz.
Verwendung: In unseren Breiten nur als Pflanze für einen ausreichend großen Topf (sie braucht viel Wasser) auf einer Terrasse oder an der Westseite des Hauses. Im Wintergarten bei Temperaturen über 12 °C blüht sie auch während der kalten Monate.
Beste Wirkung: Als Solitär vor einem ruhigen Hintergrund. Möglichst ohne andere blühende Pflanzen in der unmittelbaren Nachbarschaft, da sie sehr dominant ist. Strukturgebende Pflanzen wie *Yucca* oder Palmen passen dagegen sehr gut – kontrastreiches Laub und ein exotisches Erscheinungsbild. Die hängenden, großen Blüten kommen besonders gut zur Wirkung, wenn die *Brugmansia* als Hochstamm gezogen wird.

Buddleja davidii 'White Profusion'

Buddleie, Schmetterlingsstrauch, Sommerflieder

Buddlejaceae, Sommerfliedergewächse

Blütezeit: Juli bis September.
Blüte: Kleine, sternförmige Blütchen, rein weiß mit gelbem Auge, in großer Zahl in bis 30 cm langen Blütenrispen am Ende der Zweige, erscheinen am diesjährigen Holz; nach Honig duftend, besonders gern von Schmetterlingen und Bienen besucht.
Früchte: Längliche Kapseln, unbedeutend.
Wuchs: Starkwüchsig, straff aufrecht, bis 3 m, laubabwerfend, Zweige leicht überhängend.
Laub: Schmal, zugespitzt, oft schütter.
Weitere Arten/Sorten: **'Dart's Ornamental White'**: besonders schöner Wuchs, nur für klimatisch bevorzugte Lagen; **'Peace'**: weiß, innen orange, besonders stark von Insekten besucht, neigt zum Auseinanderfallen; **'White Bouquet'**: hat kürzere, dickere Blütenrispen, wenig duftend, aber stark von Insekten besucht, hohe Frosthärte, lange Blütezeit.
Tipp: Im März zurückschneiden und im Sommer verblühte Blütenstände entfernen.
Gartenwert: Lange, anmutige Blütenrispen im Hochsommer. Der intensive Honigduft ist für Schmetterlinge sehr anziehend. Deren fröhliches Treiben ist eine Augenweide für uns, bringt Leben in den Garten.
Typ: naturnah, filigran.
Bester Standort: Kalkhaltige, kultivierte Böden.
Verwendung: Als Solitär und als „Höhepunkt" in einer Rabatte – in einem naturnah gestalteten Garten, in einem Garten mit Kindern und in der Nähe von Spielplätzen.
Beste Wirkung: Vor einem ruhigen Hintergrund, da der Schmetterlingsstrauch selbst unruhig genug wirkt. Eine in Form geschnittene Konifere (Eibe oder Thuja) davor gepflanzt bringt Ruhe in das Bild und verdeckt gleichzeitig den wenig attraktiven Anblick in der Zeit vor dem Neuaustrieb.

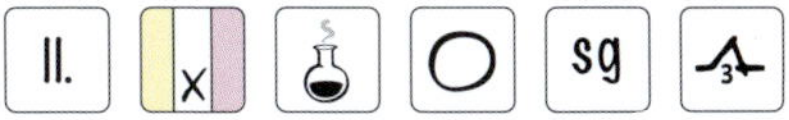

Camellia japonica ‘K. Sawada’

Kamelie
Theaceae, Teegewächse

Blütezeit: Im Freiland – je nach Witterungsverlauf – meist ab Ende März; unter Glas früher.
Blüte: Rein weiß, groß, vollständig gefüllt bis rosenförmig; sehr edel. Die zarten Blüten sind erstaunlich wetterbeständig.
Früchte: Keine.
Wuchs: Meist kompakt schmal aufrecht, von wunderschöner Form; Höhe je nach Alter.
Laub: Dunkelgrün, glänzend, ledrig.
Weitere Arten/Sorten: Sehr viele. Besonders zu empfehlen auch **Williamsii-Hybriden**. Es gibt auch herbstblühende Kamelien: Sorten von *C.* ***sasanqua***: etwas kleinere Blüten, meist einfach, duftend, Blütezeit ab September/Oktober. Siehe Tabelle Seite 180.
Tipp: Vor der Kultur im Freiland oder im Topf Spezialliteratur heranziehen: Helga & Klaus Urban „Kamelien im Garten“, Verlag Eugen Ulmer, 2. Aufl. 2003.

Gartenwert: Blüht zu einer Zeit, in der sonst wenig Blühendes zu finden ist, schon gar nicht in der Üppigkeit. Attraktiver Strauch mit immergrünem, glänzendem Laub.
Typ: elegant, exotisch.
Bester Standort: Geschützt, vor kalten Winden und vor Morgensonne im Spätwinter/Vorfrühling, leicht saurer Boden.
Verwendung: In Gruppen, mindestens zu zweien. Kamelien lieben keine Solitärstellung, es kann aber auch eine andere Sorte sein. Als immergrüner Hintergrund für kleinere Sträucher und Stauden.
Beste Wirkung: Zusammen mit anderen Moorbeetpflanzen wie Rhododendron, Lavendelheide. Als niedrige Begleitpflanzen eignen sich Schneeglöckchen, Glockenblumen, Dreiblatt und Alpen-Veilchen. Eine leicht asiatische Gestaltung mit Wasser und Steinen kommt ihrem Naturstandort am nächsten.

I. | x | ig

Chionanthus virginicus

Schneeflockenstrauch
Oleaceae, Ölbaumgewächse

Blütezeit: Juni.

Blüte: Zierliche, fransige, süß duftende weiße Blüten in locker überhängenden, bis 20 cm langen Rispen erscheinen in Fülle im Juni am mehrjährigen Holz, deshalb nach der Blüte schneiden. Je heißer der Sommer, desto üppiger ist die Blüte.

Früchte: Unscheinbare blauschwarze Steinfrucht, aber nur, wenn männliche und weibliche Blüten vorhanden sind.

Wuchs: Laubabwerfend, aufrecht, breitbuschig, bis 3 m hoch und breit, winterhart.

Laub: Glänzend frisch grün, schmal, zugespitzt, 10 bis 20 cm lang; leuchtend gelbe Herbstfärbung.

Weitere Arten/Sorten: *C. **retusus***: verträgt auch kalkhaltigen Boden. Das einzelne Blütenblatt ist dicker, die Rinde des Stammes ist besonders reizvoll.

Tipp: Um eine harmonischere, baumähnliche Form zu erzielen, sollten die unteren Zweige entfernt werden.

Gartenwert: Rispen mit ausgefallenen Blüten; leuchtend gelbe Herbstfärbung; schöner Wuchs

Typ: ausgefallen, filigran.

Bester Standort: Sonnig bis halbschattig, guter Gartenboden, gut drainiert, aber feucht, neutral bis leicht sauer.

Verwendung: Als Solitär, auch in kleineren Gruppen oder als Hintergrund einer größeren Rabatte.

Beste Wirkung: Als Solitär in Einzelstellung ohne störende Unterpflanzung während der Blütezeit. Das fremdartige Erscheinungsbild muß für sich wirken können. Ein ruhiger Hintergrund oder im Winkel einer immergrünen Hecke wäre angemessen. Im Winter darf sich der Schneeflockenstrauch über ein Meer von Schneeglöckchen erheben.

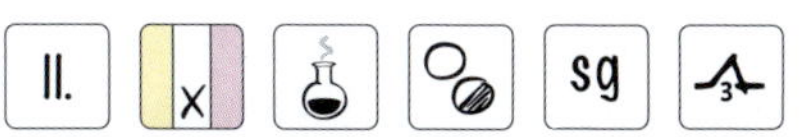

Choisya ternata

Orangenblume, Mexikanische Orange
Rutaceae, Rautengewächse

Blütezeit: Mai, zweite Blüte im September, Oktober.
Blüte: Weiße Sternchen, zu mehreren in Dolden zusammenstehend, nach Orangen duftend.
Früchte: Unbedeutend.
Wuchs: Rundlicher, dichtbuschiger Strauch, 1 bis 3 m, schneelastgefährdet; an Standorten mit bevorzugtem Klima winterhart.
Laub: Immergrün; hellgrün, nach Bitterorangen duftend; aus drei Blättchen bestehend.
Weitere Arten/Sorten: **'Aztec Pearl'**: Hybride mit *C. arizonica*, hat schmaleres Laub; **'Sundance'**: hat goldgetöntes Laub; **'Goldfinger'**: hat das schmale Laub von 'Aztec Pearl' und das goldfarbene Laub von 'Sundance'.
Tipp: Ist winterhärter als ihr oft nachgesagt wird.
Gartenwert: Attraktives, glänzendes, aromatisch duftendes Laub das ganze Jahr hindurch. Im Frühling und Herbst lieblich duftende Blüten. Runder, schöner Wuchs. Problemlos.
Typ: prächtig.
Bester Standort: Volle Sonne, nährstoffreicher Boden, geschützt.
Verwendung: Als Solitär vor einer schützenden Mauer, auch als Höhepunkt einer größeren Rabatte oder im Hintergrund eines Sitzplatzes. Als Mittelpunkt eines sonnigen Vorgartens.
Beste Wirkung: Vor einer weißen Mauer ist der Kontrast am größten. Aber auch vor einer Backsteinwand hebt sich das herrliche Laub mit den weißen Blüten sehr gut ab. *Choisya ternata* braucht keinerlei Unterpflanzung, ist bis unten wunderschön belaubt und blüht auch an diesen Zweigen.

I.+III. | X | ig | 2

Citrus limon 'Quattro Stagioni'

Citrus, Zitrone
Rutaceae, Rautengewächse

Blütezeit: Frühling bis Herbst, bei Überwinterung im Wintergarten ganzjährig.
Blüte: Klein, sternförmig, intensiv duftend.
Früchte: Gelb, groß, sehr attraktiv, lang am Strauch haftend; süßer als gekaufte Zitronen, von der Blüte bis zur ausgereiften Frucht dauert es etwa 1½ Jahre.
Wuchs: Etwas sparrig, lässt sich aber durch Schnitt in Form halten.
Laub: Hellgrün, bei Überwinterung unter 10 °C verliert die Pflanze fast das ganze Laub, treibt aber im Frühjahr gut wieder aus.
Weitere Arten/Sorten: **'Meyer'** ist die am weitesten verbreitete Sorte.
Tipp: Versuchen Sie, die Sorte 'Quattro Stagioni', „Vier Jahreszeiten" zu bekommen. Sie blüht und fruchtet unermüdlich.
Gartenwert: Der Duft der Blüten, zusammen mit den großen, gelben Früchten, vermitteln ein mediterranes Flair. Die Früchte sind ausgesprochen dekorativ und lassen sich verschenken, wenn jemand partout nicht glauben will, dass sie echt sind.
Typ: Inbegriff von mediterran.
Bester Standort: In einem großen Terrakottatopf mit sattem Lehmboden, von Frühling bis Herbst am sonnigsten Standort im Freien, von November bis Februar an einem hellen, kühlen, aber frostfreien Platz im Haus.
Verwendung: Als Solitär im Topf auf der Terrasse, dem Balkon, auch als „Highlight" im Vorgarten. Aber Achtung: die Früchte laden zur „Selbstbedienung" ein!
Beste Wirkung: In einem mediterranen Umfeld, in dem auch die Düfte harmonieren. Jasmin, Lavendel und Rosen passen gut dazu. Aber auch in einer streng formalen Anlage mit geschnittenen Buchshecken zu mehreren. Wichtig ist hier, dass die Pflanzen zu einer schönen Form gezogen werden und in den gleichen Töpfen wachsen.

Clethra alnifolia

Scheineller, Zimterle
Clethraceae, Scheinellergewächse

Blütezeit: Juli bis September.
Blüte: Kleine, süß-würzig duftende cremeweiße Blütenglocken erscheinen am diesjährigen Holz in bis zu 15 cm langen aufrechten Blütenrispen.
Früchte: Unbedeutend.
Wuchs: Laubabwerfend, straff aufrecht, buschig; 2 bis 3 m hoch; im Alter oft kugelrund, rotbraune Rinde in jungen Jahren.
Laub: Grün, zugespitzt, verkehrt eiförmig, 4 bis 10 cm lang.
Weitere Arten/Sorten: 'Paniculata': ist eine besonders schöne Form; **'September Beauty'**: blüht besonders lange; *C.* ***arborea***: Heimat Madeira, ist immergrün und hat besonders schöne, rein weiße, maiglöckchenähnliche, intensiv duftende Blüten, erfordert aber ein Gewächshaus/Kalthaus.
Tipp: Nach leichtem Rückschnitt bedeutend größere und auffälligere Blüten.

Gartenwert: Süß-würzig duftende Blütenkerzen mitten im Hochsommer.
Typ: naturnah.
Bester Standort: Kalkfreier, leicht saurer Boden, mäßig feucht, aber gut drainiert, ähnlich wie für Rhododendren; Halbschatten, verträgt keine Trockenheit.
Verwendung: In Einzelstellung oder Gruppen zusammen mit anderen Moorbeetpflanzen wie Rhododendren, Azaleen oder Kamelien.
Beste Wirkung: In einem naturbelassenen Ambiente zu mehreren entlang eines Baches oder Teiches. Einzeln gepflanzt bringt *Clethra* Licht in das „Sommerloch" einer Moorbeetpflanzung. Im Frühling, wenn sie weniger attraktiv ist, blühen dann Rhododendren, Kamelien etc.

Daphne mezereum var. alba

Seidelbast
Thymelaeaceae, Seidelbastgewächse

Blütezeit: Spätwinter bis März.
Blüte: Kleine, intensiv duftende, rahmweiße Blüten in Büscheln am vorjährigen Holz entlang der Zweige vor dem Blattaustrieb.
Früchte: Erbsengroße, gelbe Beeren, giftig!
Wuchs: Kleiner Strauch, Wuchs locker aufrecht, wenig verzweigt, bis etwa 1,20 m hoch; insgesamt giftig.
Laub: Graugrün, länglich; Herbstfärbung gelb.
Weitere Arten/Sorten: **'Bowles Variety'**: rein weiße Blüten; *D.* ***alpina***: aufrecht kompakt, blüht im Mai und Juni; *D.* ***blagayana***: besonders schöne, duftende Blüten, halbimmergrün, niedrig, etwas für Liebhaber; *D.* ***cneorum*** **'Alba'**: immergrün; Rarität für den Steingarten; sehr niedrig, bis 20 cm hoch; saurer Boden, nicht ganz einfach zu kultivieren; *D.* ***odora*** fo. ***alba***: immergrün, Blüten weiß bis cremeweiß, braucht Winterschutz; der Duft ist intensiv süß und fruchtig.

Tipp: Die – noch ungiftigen – grünen Früchte entfernen, besonders, wenn kleine Kinder in die Nähe kommen können.
Gartenwert: Süßer, leicht an Gewürznelken erinnernder Duft der Blüten im Spätwinter und zeitigen Frühjahr.
Typ: edel, selten.
Bester Standort: Lichter Schatten bis Halbschatten, frischer bis feuchter, alkalischer Boden; *D. mezereum* ist die bodentoleranteste Art, aber auch sie möchte nicht verpflanzt, nicht geschnitten oder sonst in irgendeiner Weise gestört werden.
Verwendung: Möglichst einzeln oder in kleinen Gruppen in kleinen Gärten oder Gartenteilen. Steingärten oder Moorbeetpflanzungen sind am besten geeignet.
Beste Wirkung: In einem Frühlingsgarten mit *Corylopsis* und Zwiebelblühern. Die kleineren Arten wirken am besten in einem Hochbeet. Man kann den Duft so besser genießen.

Deutzia scabra 'Candidissima'

Deutzie

Hydrangeaceae, Hortensiengewächse

Blütezeit: Juni.

Blüte: Klein, sternförmig, gefüllt, in aufrecht stehenden Blütenrispen, nach Honig duftend.

Früchte: Keine.

Wuchs: Mittelhoch bis hoch, aufrecht; bei älteren Pflanzen attraktive Rinde.

Laub: Schmal, dunkelgrün.

Weitere Arten/Sorten: *D. **gracilis***: Wuchs niedrigerer, 1 m; rein weiße, sternförmige Blüten in Rispen; *D. **setchuenensis*** var. ***corymbiflora***: Wuchs mittelhoch, attraktive Rinde, gezähntes Laub; entzückende, rein weiße, sternförmige Blüten in großen Rispen; *D.* × ***magnifica***: Wuchs hoch; rein weiße, gefüllte Blüten in Rispen

Tipp: Regelmäßig nach der Blüte altes Holz ausschneiden, ist vorteilhafter als gelegentlicher radikaler Rückschnitt.

Gartenwert: Üppige Blüte nach einigen Jahren.

Typ: naturnah.

Bester Standort: Volle Sonne oder Halbschatten; fruchtbarer, feuchter, aber gut durchlässiger Boden.

Verwendung: Als Solitär oder in Gruppen in einem naturbelassenen Garten; auch sehr gut in Blütenhecken oder in gemischten Hecken zur Auflockerung zwischen Immergrünen.

Beste Wirkung: Ein bezaubernder Anblick während der Blüte im Hintergrund einer Rabatte. Danach allerdings etwas trist. Strauchrosen und Storchschnabel verlängern die Blütezeit und passen gut im Charakter dazu. Die Zwergform *D. gracilis* gehört in den Vordergrund einer Rabatte oder zwischen Rosen. *D. setchuenensis* wirkt entzückend in Verbindung mit Hochstammrosen.

II. x sg 3

Enkianthus perulatus

Prachtglocke
Ericaceae, Heidegewächse

Blütezeit: Mai.
Blüte: Klein, weiß, urnenförmig; bis zu 10 Blütchen in hängenden Dolden, wie Kirschen angeordnet.
Früchte: Klein, fast kugelig.
Wuchs: Laubabwerfend, mittelhoch, dichtbuschig; junge Triebe rötlich; 2 m × 2 m.
Laub: Blätter an den Triebenden in Büscheln zusammenstehend. Laub anfangs rötlich, später leuchtend grün, schließlich leuchtendrote Herbstfärbung.
Weitere Arten/Sorten: *E.* ***campanulatus*** fo. ***albiflorus***: bis 3 m hoch, Blütchen weißlich, glöckchenförmig.
Tipp: Bambus ist eine ideale Begleitpflanze. Es gibt inzwischen Sorten, die keine oder wenig Ausläufer bilden.
Gartenwert: Ein wegen seiner urnenförmigen Blüten auffallender Blütenstrauch. Aber auch leuchtend grünes Laub, gefolgt von einer herrlichen scharlachroten Herbstfärbung und dem eleganten Wuchs.
Typ: elegant, edel.
Bester Standort: Halbschatten; feuchter, torfhaltiger, saurer Boden.
Verwendung: Als Solitär in schattigen Gärten und mit anderen Moorbeetpflanzen wie Rhododendron, Kamelien, Lavendelheide usw. Auch für einen großen Topf gut geeignet.
Beste Wirkung: An prominenter Stelle in einem japanisch gestalteten Umfeld, mit Wasser, Steinen und Gräsern. Eine Lavendelheide – *Pieris japonica* in Sichtweite gepflanzt harmoniert sehr gut und greift das Thema auf.

Erica carnea 'Snow Queen'

Erika, Heide

Ericaceae, Heidegewächse

Blütezeit: Januar bis Mai.

Blüte: Sehr klein; einzeln oder in vielblütigen Trauben.

Früchte: Unbedeutend.

Wuchs: Kriechend, bis 40 cm; winterhart.

Laub: Sehr klein, in Quirlen angeordnet.

Weitere Arten/Sorten: *E. carnea-Sorten* („Schneeheide"); *E.* ***cinerea*-Sorten** („Graue Heide"): **'Alba Minor'**, **'Hookstone White'**; *E.* ***tetralix*** **'Alba Mollis'**; *E.* ***arborea*** var. ***alpina*** („Baumheide"): 1 bis 2 m hoch; **Calluna vulgaris-Sorten** („Besenheide"); ***Daboecia cantabrica*** **'Snowdrift'** („Irische Heide"): benötigt Winterschutz.

Tipp: Heidekräuter müssen nach der Blüte kräftig zurückgeschnitten werden, damit der Wuchs kompakt bleibt und die Sträucher nicht auseinander fallen.

Gartenwert: Heide hat eine sehr lange Blütezeit und bringt durch die verschiedenen Gattungen das ganze Jahr über Licht in den Garten. Blütenform, Wuchs und Belaubung sind unterschiedlich und lassen keine Langeweile aufkommen. Bienenweide.

Typ: naturnah.

Bester Standort: Heidekräuter brauchen sauren, sandigen Boden und Sonne. *Erica carnea, E. arborea* und *Daboecia cantabrica* tolerieren neutralen Boden und Halbschatten.

Verwendung: In Heide- und Steingärten in Gruppen ein- und derselben Sorte gepflanzt. Ideale Bodendecker. *E. arborea* als Solitär.

Beste Wirkung: In großen Tuffs, mindestens 20 Pflanzen zusammen mit niedrigen Koniferen wie *Pinus mugo* und kleinen Stauden wie *Aster dumosus* oder Nelken. Höhe in die Gestaltung bringen Wacholder und Birken. Auch im Steingarten ist es wichtig, durch die Anlage für unterschiedliche Ebenen zu sorgen, damit das Ganze nicht flächig wirkt.

I. | X | sg | 3

Escallonia 'Iveyi'

Andenstrauch

Escalloniaceae, Andenstrauchgewächse

Blütezeit: Spätsommer.

Blüte: Rein weiße, kleine Blüten in aufrechten Rispen, süß duftend. Schon die Knospen haben Zierwert.

Früchte: Hübsche Fruchtstände.

Wuchs: Hübscher, kompakter Wuchs; lässt sich auch als Bäumchen ziehen; etwa 2 m hoch.

Laub: Herrliches, glänzendes, dunkelgrünes Laub mit fruchtig-harzigem Aroma. Kleine, feingezähnte Blätter.

Weitere Arten/Sorten: *E.* **'Donard White'**: weiße Blüten aus rosa Knospen im Sommer. Hübscher, kompakter, rundlicher Wuchs.

Tipp: Eine noch kleine, freistehende *Escallonia* braucht auch in milden Gegenden Winterschutz. Locker mit Tannenzweigen umstellt sieht sie sehr dekorativ wie ein kleiner Tannenbaum aus.

Gartenwert: *Escallonia* ist das ganze Jahr hindurch dekorativ.

Typ: elegant, außergewöhnlich.

Bester Standort: Geschützt vor kalten Winden; am besten vor einer warmen, sonnigen Mauer. Sonne und fruchtbarer Boden. In milden Gegenden mit Winterschutz ausreichend winterhart.

Verwendung: Als Solitär im kleinen Garten, vor einer schützenden Mauer. In Küstengebieten auch als Hecke. In einem großen Topf auf Terrasse oder Balkon in Südlage.

Beste Wirkung: Eine *Escallonia* ist eine kleine Rarität. In England wird sie als „Mauerstrauch" bezeichnet, da sie sich im Schutz einer wärmenden Mauer am wohlsten fühlt. Und dort wirkt sie auch am schönsten. Vor einem weißen Hintergrund kommt das außergewöhnlich glänzende Laub besonders gut zur Wirkung. Begleitpflanzen braucht sie keine, sie wirkt für sich. Ein gepflegter Rasen im Vordergrund ist das richtige Umfeld.

Exochorda × macrantha 'The Bride'

Chinesischer Perlstrauch
Rosaceae, Rosengewächse

Blütezeit: Mai, Juni.
Blüte: Auffällige, große, rein weiße Blüten mit hübschen gelbgrünen Staubfäden in langen Trauben, sehr dekorativ.
Früchte: Hübsche gefurchte Kapseln, dunkelbraun.
Wuchs: Mittelhoher Strauch etwa 1 m, dichter Wuchs, überhängend; laubabwerfend.
Laub: Hellgrün, verkehrt eiförmig; sehr früher Austrieb.
Weitere Arten/Sorten: *E.* ***giraldii*** var. ***wilsonii***: 5 cm große, rein weiße Blüten, weit überhängender Wuchs, Höhe und Breite bis 3 m; rosagrüne Neutriebe.
Tipp: Kräftiger Wuchs und üppige Blüte werden gefördert, wenn alte Triebe nach der Blüte ausgelichtet werden.
Gartenwert: Wunderschöne, üppige Blüte im Mai/Juni, anmutiger, überhängender Wuchs, dekorative Früchte.
Typ: elegant, anmutig.
Bester Standort: Geschützte Lagen; Sonne oder durchbrochener Schatten, gut durchlässiger, fruchtbarer Boden.
Verwendung: Als Solitär im kleinen Garten oder Innenhof, in einem großen Topf auf dem Dachgarten.
Beste Wirkung: Ihren dekorativen, überhängenden Wuchs sollte man bewusst einsetzen. Wenn ihre Blütenpracht über ein Geländer oder eine Mauer, auch durch einen Zaun hindurch quellen kann, sieht das hinreißend aus. Im Vordergrund eines Hochbeetes, unterpflanzt mit Schneeglöckchen, wird dieser entzückende Strauch seine Wirkung nicht verfehlen.

Fothergilla major (Syn. F. monticola)

Federbuschstrauch,
Großer Federbuschstrauch
Hamamelidaceae, Zaubernussgewächse

Blütezeit: Mai.
Blüte: 6 cm lange, dichte Ähren aus cremeweißen Staubblättern, an Flaschenbürsten erinnernd; süß nach Honig duftend; erscheinen im Frühjahr kurz vor dem Blattaustrieb.
Früchte: Keine.
Wuchs: Laubabwerfend, winterhart; bis 2 m.
Laub: Bis 10 cm groß, beinahe rundlich, dunkelgrün; leuchtende Herbstfärbung: zuerst leuchtend rot, dann orange, schließlich sattgelb; wunderschön und lange anhaltend.
Weitere Arten/Sorten: *F. gardenii*: deutlich kleiner als *F. major*: „Miniaturausgabe", 80 cm hoch, 1,30 m breit; 4 cm lange Blütenähren in grünlichem Weiß; dunklere Herbstfärbung bis zu Purpurrot; *F. **gardenii*** **'Blue Mist'**: hat blaugrünes Laub; *F.* **'Mount Airy'**: Neuzüchtung, etwa 1 m, kugeliger Wuchs, Herbstfärbung gelb bis leuchtend rot.
Tipp: Das abgefallene Laub liegen lassen. Es sieht in seinen vergehenden Farben noch schön aus und ist ein wärmender Schutz.
Gartenwert: Interessante, duftende Blütenstände; lang anhaltende Herbstfärbung in einer prächtigen Farbskala.
Typ: ausgefallen.
Bester Standort: Saure, sandig-humose Lehmböden, Sonne oder leichter Halbschatten. Reichere Blüte und prächtigere Herbstfärbung an einem sonnigen Platz.
Verwendung: Als Solitär zusammen mit anderen Moorbeetpflanzen.
Beste Wirkung: Einer der Sträucher mit der schönsten Herbstfärbung. Zwischen Rhododendren und Kamelien – im Herbst dunkel und schwer – wie ein Feuerwerk. Besonders attraktiv im Herbst vor einer Eibenhecke hinter einer *Lagerstroemia* 'Natchez'. Beide haben das gleiche herrliche Farbenspiel, nur unterschiedliche Blattformen.

Fuchsia magellanica var. molinae (Syn. 'Alba')

Fuchsie

Onagraceae, Nachtkerzengewächse

Blütezeit: Ab August bis zum ersten Frost.
Blüte: Einfach; fast weiß; Korolla ganz zart lila, Staubgefäße rein weiß.
Früchte: Hübsch, schwarz.
Wuchs: An sich sind Fuchsien nicht winterhart. *F. magellanica* var. *molinae* verhält sich in unserem Klima wie eine Staude. Ihr oberirdischer Teil friert zurück und stirbt ab. Im Spätfrühling bilden sich aus dem Wurzelstock neue Triebe. Die Pflanze wird von Jahr zu Jahr immer stattlicher.
Laub: Hellgrün.
Weitere Arten/Sorten: Nicht winterharte Hybriden: **'Annabel'**: gefüllte Blüten mit einem Hauch von Rosa; **'Sleigh Bells'**: eine rein weiße Sorte mit sehr eleganten Blüten; **'White King'**: sehr große, gefüllte Blüten, leicht zu kultivieren.
Tipp: Nicht winterharte Sorten können während des Sommers im Garten in Töpfen kultiviert werden. Frostfreie Überwinterung.
Gartenwert: Grazile Gesamtwirkung durch die ununterbrochene Blütenfülle bis zu den ersten Frösten in einer Zeit, in der andere Sträucher längst verblüht sind.
Typ: filigran, elegant.
Bester Standort: Je ärmer der Boden und je sonniger der Standort, desto reicher die Blüte. Aber auch halbschattige und selbst schattige Plätze sind möglich. Wurzeldruck von anderen Pflanzen sollte vermieden werden.
Verwendung: Als Solitär oder als 3er-Gruppe im Staudenbeet, auch zwischen Gehölzen, die allerdings kein aggressives Wurzelwerk haben dürfen.
Beste Wirkung: Winterharte Fuchsien wirken am schönsten im lichten Schatten zwischen dunklem, glänzendem Laub benachbarter Sträucher, z. B. von Kamelien – bezaubernde Glanzlichter bis tief in den Herbst.

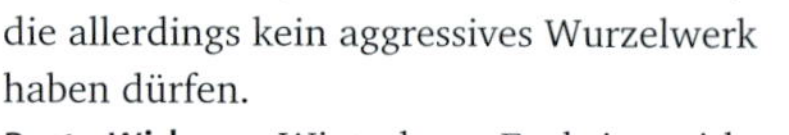

Hebe odora

Strauchveronika
Scrophulariaceae, Braunwurzgewächse

Blütezeit: Juni, Juli.
Blüte: Rein weiß, relativ groß, in Trauben.
Früchte: Eiförmige Kapseln.
Wuchs: Niedriger Strauch, bis 60 cm Höhe; braucht in rauhen Gegenden Winterschutz.
Laub: Immergrün; ledrig, gezähnt, dunkelgrün, glänzend.
Weitere Arten/Sorten: H. ***albicans* 'Pewter Dome'**: 40 cm hoch; graugrünes Laub, kuppelförmiger Wuchs; *H.* ***brachysiphon***: bis 1,30 m hoch, vergleichsweise winterhart; *H.* ***brachysiphon* 'White Gem'**: etwas niedriger bleibend, sehr kompakt; *H.* ***macrantha***: bis 60 cm hoch; leuchtend grünes Laub, braucht Winterschutz; *H.* ***pinguifolia* 'Pagei'**: flachwachsend, etwa 20 cm hoch und 90 cm breit; blaugrünes Laub; *H.* ***vernicosa***: 30 cm hoch; leuchtend grünes Laub
Tipp: Durch ihren kompakten Wuchs eignet sich die Strauchveronika hervorragend für einen edlen Topf. Eine schöne Alternative zu Buchs.
Gartenwert: Ein immergrüner Strauch, der auch außerhalb seiner Blütezeit ein Gewinn für den Garten ist; durch seinen Wuchs und das attraktive Laub.
Typ: zurückhaltend.
Bester Standort: Gut durchlässiger, fruchtbarer Sandboden; geschützter Standort an klimatisch bevorzugter Lage erforderlich. *H. odora* ist vergleichsweise winterhart.
Verwendung: Für den kleinen Garten als „Bonbon" vielseitig zu verwenden. Ob in einer gemischten Rabatte, im winterlichen Garten oder – die nicht winterharten Arten – in einem kühlen Wintergarten.
Beste Wirkung: Im Vordergrund einer Rabatte zwischen niedrigen Frühlingsblühern und Miniaturrosen wie 'Popcorn'. In milden Küstengegenden entzückend als niedrige Hecken.

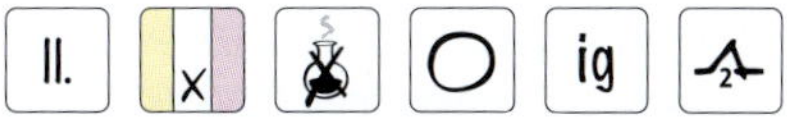

Heptacodium miconioides (Syn. H. jasminoides)

Heptacodium
Caprifoliaceae, Geißblattgewächse

Blütezeit: Spätsommer bis Herbst
Blüte: Klein, cremeweiß, duftend, in Quirlen an den Triebenden.
Früchte: Im Spätherbst, klein, rund, umgeben von rötlichen Kelchblättern.
Wuchs: Großer Strauch, winterhart, laubabwerfend; Rinde schält sich in dünnen Streifen ab.
Laub: Groß, stark geädert, attraktiv; bleibt bis in den Spätherbst am Strauch.
Weitere Arten/Sorten: Bisher keine.
Tipp: In Deutschland noch kaum bekannter attraktiver Großstrauch. Etwas für Liebhaber von Raritäten. Wenn Sie in Deutschland nicht fündig werden, in Holland suchen!
Gartenwert: Späte Blütezeit, bis in den November anhaltende Färbung der Kelchblätter und großes, außergewöhnliches Laub. Eine strukturgebende Pflanze.
Typ: außergewöhnlich, selten.
Bester Standort: In voller Sonne und feuchtem Boden. Gedeiht aber auch im Halbschatten und in trockenem, saurem Boden, anspruchslos.
Verwendung: Als Solitär und in einer gemischten Rabatte. Durch entsprechenden Schnitt bei jungen Pflanzen auch als Kleinbaum für einen Innenhof oder kleinen Garten.
Beste Wirkung: Als Akzent in einem asiatisch gestalteten Garten und vor dicken Baumstämmen, die einen ruhigen Hintergrund für die „zweite Blüte“ im Spätherbst abgeben. Die Nachbarschaft von gelbem und orangefarbenem Herbstlaub wirkt unharmonisch und störend.

Hibiscus syriacus 'Totus Albus'

Hibiscus, Echter Rosen-Eibisch,
Garten-Eibisch
Malvaceae, Malvengewächse

Blütezeit: Juli bis Oktober.
Blüte: Groß, trichterförmig, einfach, rein weiß.
Früchte: Braune Kapseln, enthalten viele winzige Samen.
Wuchs: Straff aufrecht, 1,50 bis 2,50 m; buschig, nicht ausbreitend, langsam wachsend.
Laub: Gelappt; mittelgrün; später Austrieb; Herbstfärbung gelb.
Weitere Arten/Sorten: **'Admiral Dewey'**: schneeweiß, gefüllt; eine Rarität; **'Diana'**: rein weiß, einfach, groß, Durchmesser 12 cm; Ränder der Blütenblätter gewellt; **'Jeanne d'Arc'**: rein weiß, halbgefüllt, sehr elegant; **'William R. Smith'**: rein weiß, einfach, groß.
Tipp: *Hibiscus* möglichst nur im Frühling pflanzen. In den ersten Jahren den Wurzelbereich mit einer dicken Laubschicht gegen Frost schützen.

Gartenwert: Üppige weiße Blütenpracht von Juli bis Oktober, schmaler, aufrechter Wuchs.
Typ: nostalgisch, üppig.
Bester Standort: Volle Sonne und humusreicher, durchlässiger Boden; geschützter, klimatisch bevorzugter Standort; gefüllt blühende Sorten entwickeln sich nur in langen, sonnigen Sommern prächtig.
Verwendung: Als Solitär in kleinen Gärten, in großen Töpfen für Terrassen und Innenhöfe. Für heiße Standorte – wie nach Süden ausgerichtete Mauern und Hauswände. Kann gut als Hochstamm gezogen werden.
Beste Wirkung: Ein weiß blühender *Hibiscus* wirkt am besten vor einem dunklen Hintergrund, sei es eine dunkle Hecke oder eine sonnenbeschienene Backsteinmauer. Zwei Sträucher derselben Sorte zu beiden Seiten eines Eingangs, zum Beispiel einer Terrassentür, wirken sehr harmonisch und vermitteln ein nostalgisches Flair.

Hydrangea macrophylla 'Veitchii'

Hortensie
Hydrangeaceae, Hortensiengewächse

Blütezeit: Juli bis August, attraktiv bis zum Frost.
Blüte: Flache Blütenstände („Lacecap"-Typ) bestehend aus einer Fülle winziger, unbedeutender fertiler (fruchtbarer) Blütchen, die von einem Ring steriler (unfruchtbarer) weißer Blüten umgeben sind; im Herbst rötliche Färbung der Blütenköpfe.
Früchte: Ohne Bedeutung.
Wuchs: Kompakt, bis 2 m hoch, in die Breite wachsend.
Laub: Breit, glatt und dunkelgrün.
Weitere Arten/Sorten: *H.* ***macrophylla:*** es gibt zwei verschiedene Formen: „Mop-Head"-Typ (fast kugeliger Blütenstand) und „Lacecap"-Typ (flacher, spitzenartiger Blütenstand); *H.* ***arborescens***: hat ebenfalls kugelige Blütenköpfe vom „Mophead"-Typ; *H.* ***paniculata***, Rispen-Hortensie: hat kegelförmigen Blütenstand und ist duftend!; *H.* ***quercifolia***, Eichenblättrige Hortensie: hat traubenförmigen Blütenstand und ist ebenfalls duftend!; Sorten siehe Tabelle Seite 180.
Tipp: Hortensienblüten lassen sich am besten trocknen, wenn man sie nach dem ersten Frost abschneidet, das Laub entfernt und wie Schnittblumen in Wasser stellt.
Gartenwert: Ein üppiger Blütenstrauch für das vielbeklagte „Augustloch", der auch im Verblühen großen Reiz hat.
Typ: Üppig, nostalgisch.
Bester Standort: Halbschattig, Hortensien vertragen aber auch Sonne, wenn entsprechend gewässert wird.
Verwendung: Als Solitär oder in Gruppen, in einer Rabatte, auch in großen Töpfen.
Beste Wirkung: Vor einem ruhigen Hintergrund, zum Beispiel einer Eibenhecke oder in der Nähe des Hauses. Weißblühende Hortensien wirken sehr eindrucksvoll vor einer grauen, möglichst alten Mauer.

Kalmia angustifolia 'Candida' ☠

Lorbeerrose
Ericaceae, Heidegewächse

Blütezeit: Sommer.
Blüte: Schalenförmige weiße Blüten in dichten Büscheln; sehr hübsche Knospenform.
Früchte: Keine.
Wuchs: Locker überhängend, 60 cm hoch.
Laub: Immergrün; sehr kleine, schmale Blätter; dekorativer Blattaustrieb.
Weitere Arten/Sorten: Sorten von *K.* ***latifolia*** („Berglorbeer"): **'Elf'**: weiße Blüten entfalten sich aus rosa Knospen, buschiger, kompakter Wuchs, 1 m; **'Shooting Star'**: weiße Blüten mit gelappten, stark zurückgebogenen Blütenblättern; **'Silver Dollar'**: besonders große weiße Blüten.
Tipp: Jährliches mäßiges Düngen sorgt für eine noch reichlichere Blüte.
Gartenwert: Eine der hübschesten blühenden Immergrünen. In voller Blüte im Spätfrühling oder Sommer, je nach Art, unübertrefflich. Selbst die einzelne Blüte und auch die dekorativen Knospen sind zauberhaft. Frei von jeglichen Krankheiten.
Typ: anmutig.
Bester Standort: Feuchter, saurer Boden; Halbschatten, bei ausreichender Bewässerung auch sonnig.
Verwendung: In einer gemischten Rabatte mit anderen Pflanzen, die sauren Boden bevorzugen, wie Rhododendren, oder in einer Waldrandbepflanzung. Auch als Solitär für ein größeres Grab.
Beste Wirkung: In einer lockeren Gestaltung mit Rhododendren (besonders hübsch mit Wildarten), Kamelien, Lavendelheide und Hortensien. Als attraktiver Lichtblick, wenn die einen schon verblüht sind und die anderen noch auf sich warten lassen.

II. | x | ig | 3

Lavandula angustifolia 'Nana Alba'

Lavendel, Echter Lavendel
Labiatae, Lippenblütler

Blütezeit: Sommer bis Spätsommer.
Blüte: Kleine, weiße, intensiv duftende Blüten in zierlichen, ährenförmigen Blütenständen.
Früchte: Nein.
Wuchs: 15 bis 30 cm hoch, sehr kompakt.
Laub: Graugrün, schmal, aromatisch duftend.
Weitere Arten/Sorten: *L. angustifolia* **'Alba'**: 40 bis 60 cm; *L.* ***stoechas*** **'Alba'**, Schopf-Lavendel: 60 cm, ausgeprägter Blütenstand „Schopf", Spätfrühling bis Sommer
Tipp: Um einen hübschen Wuchs zu erzielen, sollte man diesen Halbstrauch regelmäßig im Frühjahr schneiden und kaum düngen, damit sich der Duft voll entfalten kann. Nach spätestens 10 Jahren durch junge Pflanzen ersetzen.
Gartenwert: In erster Linie durch den Duft von Blütenähren und Laub; ein Eldorado für Bienen. Blüten und Laub lassen sich auch hervorragend für Potpourris verwenden, dafür die Blüten schneiden, bevor sie ganz geöffnet sind.
Typ: mediterran.
Bester Standort: Sonnig, trocken, warm; gut durchlässiger, mäßig fruchtbarer, kalkfreier Boden; besonders günstiges Klima.
Verwendung: Zu mehreren in mediterran gestalteten Rabatten, in Kräuter- und Duftbeeten, für trockene, heiße Standorte und als Solitär in Töpfen.
Beste Wirkung: Ganz allein in einem edlen Terrakottatopf neben einem Sitzplatz, am Eingang oder auf Treppenstufen. Beim Vorbeistreifen kommt man in den höchsten Genuß des Duftes, besonders intensiv in der Mittagshitze. Wunderschön auch zwischen Alten Rosen mit rosafarbenen Blüten wie 'Königin von Dänemark' oder 'Mme Boll'.

Ledum groenlandicum (Syn. Rhododendron groenlandicum)

Porst, Grönländischer Porst
Ericaceae, Heidegewächse

Blütezeit: Mai bis Juni.
Blüte: Kleine, weiße Blüten in endständigen Blütentrauben.
Früchte: Unbedeutende Kapseln.
Wuchs: Buschig, aufrecht bis in die Breite gehend; bis 1 m; sehr winterhart.
Laub: Schmal, oberseits dunkelgrün, Unterseite rostbraun filzig; aromatisch; immergrün.
Weitere Arten/Sorten: *L. palustre* fo. ***decumbens***: kriechender Wuchs, nur 20 cm hoch, in die Breite wachsend; *L. groenlandicum* **'Compactum'**: bis 45 cm hoch, eine kompakte Form; sehr reichblühend, dichte Blütenköpfe.
Tipp: Es lohnt sich, nach diesem recht unbekannten kleinen Strauch zu suchen.
Gartenwert: Kompakter Wuchs und hübsches, aromatisch duftendes Laub, dichte Blütenbüschel. Vollkommen frei von Schädlingen und Krankheiten. Immergrün. Sehr winterhart. Aus den Blättern lässt sich ein sehr Vitamin C reicher Tee kochen.
Typ: selten.
Bester Standort: Kalkfreier, feuchter Boden; halbschattige Lage.
Verwendung: Als Kleinod im Moorbeet in Einzelstellung. In größeren Gärten auch als 3er-Gruppe.
Beste Wirkung: Dieser reizvolle Zwergstrauch darf nicht übersehen werden. Im Vordergrund einer Pflanzung mit Rhododendren, Azaleen und Kamelien kommt er am besten zur Geltung, auch am Fuße eines kleinen Baumes, wie z. B. *Styrax obassia*.

II. X ig

Magnolia sieboldii

Magnolie, Sommer-Magnolie
Magnoliaceae, Magnoliengewächse

Blütezeit: Juni und Juli, vereinzelt bis in den Herbst.
Blüte: Schalenförmig; für eine Magnolie vergleichsweise klein; rein weiß mit einem auffallenden Büschel cyclamfarbener Staubgefäße; exotisch duftend! Leicht nickend.
Früchte: Auffällige rote Zapfenfrüchte.
Wuchs: Grundtriebe straff aufrecht, Seitenäste breit ausladend.
Laub: Dunkelgrün, Unterseite graugrün und samtig.
Weitere Arten/Sorten: *M.* ***sieboldii*** subsp. ***sinensis***: hat größere, nach unten hängende Blüten: eine besonders schöne Auslese mit intensivem, zitronigem Duft.
Tipp: Nicht zu tief pflanzen, die Wurzeln brauchen Luft wie die Kamelien.
Gartenwert: Ein in voller Blüte stehender Strauch wirkt exotisch. Die rein weißen, duftenden Blüten erscheinen zu einer Zeit, in der sie nicht mehr einem Spätfrost zum Opfer fallen können.
Typ: exotisch, elegant.
Bester Standort: In klimatisch bevorzugten Gegenden winterhart; windgeschützt, feuchter Boden, möglichst lehmhaltig, leicht sauer.
Verwendung: Als Solitär im kleinen Garten, in Vorgärten oder größeren Rabatten.
Beste Wirkung: In einem Hochbeet oder höher gelegenen Gartenteil, damit die anmutig nickenden Blüten von unten zu sehen sind. Mit weißen Frühlingsblühern in der Nähe und *Clematis*-Hybriden, die die Farbe der Staubgefäße aufgreifen, wie *Clematis* 'Aleksandrit' oder *C.* 'Vino'.

Nandina domestica

Nandina, Himmelsbambus
Berberidaceae, Berberitzengewächse

Blütezeit: Juni bis Juli.
Blüte: Aufrechte, bis 25 cm lange konische Rispen aus cremeweißen, sternförmigen Blüten mit dominanten gelben Staubbeuteln.
Früchte: Kugelige rote Beeren.
Wuchs: Locker, elegant. Lange, straffe, unverzweigte Stängel. Sieht aus wie ein zierlicher Bambus – ist aber keiner. Höhe bis 1,50 m.
Laub: Lanzettförmige Fiederblätter, hellgrün. Attraktiver, purpurroter Austrieb, schöne Herbstfärbung. Laubverlust ab −10 °C.
Weitere Arten/Sorten: **'Alba'**: weiße Beeren, helleres Laub, **'Firepower'**: besonders leuchtend rote Laubfärbung, Höhe bis 50 cm; **'Pygmaea'**: runder, kompakter Wuchs; **'Richmond'**: schmaleres Laub, baumähnlicher Wuchs, leuchtend rote Zweige.
Tipp: Ein zusätzlicher Aspekt im Winter: die trockenen verschneiten Rispen.

Gartenwert: *Nandina* ist das ganze Jahr über attraktiv. Im Frühling: leuchtend rotbronze farbener Neuaustrieb. Im Sommer: dekorative weiße Blütenrispen, das Laub wird grün. In heißen Sommern bilden sich grüne Früchte, die später rot werden. Im Herbst nimmt das Laub eine herrliche rote Farbe an, wird danach wieder grün, ohne abzufallen.
Typ: grazil, außergewöhnlich, elegant.
Bester Standort: Fruchtbarer, durchlässiger, feuchter Boden im sauren Bereich. Geschützt vor kalten Winden. Je sonniger der Standort, desto leuchtender die Herbstfärbung.
Verwendung: Einzeln in Rabatten mit Moorbeeterde. Für asiatische Gestaltung, wo Bambus zu viel Platz in Anspruch nehmen würde. In Töpfen für Innenhöfe.
Beste Wirkung: Als Solität in einer leicht asiatisch anmutenden Gestaltung mit Kamelien, Rhododendren, Azaleen, Steinen und Wasser.

Nerium oleander 'Montblanc'

Oleander, Rosenlorbeer
Apocynaceae, Hundsgiftgewächse

Blütezeit: Sommer.
Blüte: Rein weiß, einfach, trichterförmig in endständigen Rispen, süß duftend.
Früchte: Gelegentlich Schoten.
Wuchs: Aufrecht und locker, nicht winterhart, frostempfindlich.
Laub: Ledrig, lanzettförmig, mattgrün.
Weitere Arten/Sorten: **'Album Plenum'**: halbgefüllt; **'Soeur Agnes'** (Syn. 'Album'): einfache Blüten wie Windrädchen, duftend
Tipp: Einfach blühende Sorten duften intensiver und nehmen Regen nicht so übel.
Gartenwert: Lang anhaltende Blütenpracht und mediterranes Flair.
Typ: mediterran.
Bester Standort: In Töpfen; volle Sonne, windgeschützt, ideal im Schutz einer Hauswand, die zusätzlich nachts Wärme abgibt. Hoher Wasserbedarf während der Wachstumszeit.
Verwendung: In unserem Klimabereich nur in Töpfen, auf Terrassen, Innenhöfen und an der Südseite des Hauses.
Beste Wirkung: In einem schönen Terrakottatopf zwischen anderen südlichen Gewächsen, z. B. Zitronen. Selbst in milden Gegenden am geschütztesten Standort sollte man den Oleander nicht auspflanzen. Es sieht einfach nicht gut aus und wirkt verloren.

Osmanthus × burkwoodii

Duftblüte
Oleaceae, Ölbaumgewächse

Blütezeit: April, Mai.
Blüte: Sehr klein, in großer Fülle; Blüten erscheinen in kleinen Büscheln in den Blattachseln; intensiv nach Honig und Vanille duftend.
Früchte: Selten.
Wuchs: Großer Strauch, bis 2 m Höhe und Breite; sehr dicht; an klimatisch bevorzugten Standorten winterhart.
Laub: Immergrün; dunkel, glänzend.
Weitere Arten/Sorten: *O.* ***delavayi***: etwas weniger winterhart, schwarzblaue Beeren; *O.* ***heterophyllus*** **'Purpureus'**: besonders winterhart, junger Austrieb purpurrot, Laub scharfgezähnt, ilexartig; schwarzblaue Beeren; blüht im Spätsommer bis Herbst. Die schönere Alternative zur Stechpalme
Tipp: Nach der Blüte lassen sich die Sträucher gut in Form schneiden, bei *O. × burkwoodii* und *O. delavayi* im späten Frühling, bei *O. heterophyllus* im Herbst oder Vorfrühling.
Gartenwert: Hübsches, immergrünes Laub und duftende Blüten in großer Fülle.
Typ: mediterran.
Bester Standort: Sonne oder Halbschatten, windgeschützt, toleriert alle Böden; während der Wachstumszeit viel gießen.
Verwendung: Als Hintergrund in einer Rabatte oder in einem großen Topf als Solitär. In besonders milden Gegenden auch als Hecke, da die Duftblüte sich gut in Form schneiden lässt.
Beste Wirkung: Durch das kleine, immergrüne, sehr dichte Laub bringt *Osmanthus* Ruhe in jede Bepflanzung, besonders wichtig im kleinen Garten. Als höchster Anziehungspunkt in einer gemischten Rabatte. Für den Vordergrund eignen sich filigrane und lockere Stauden wie Akelei und Prachtkerze, die der Bepflanzung das Schwere nehmen.

Paeonia suffruticosa 'Godaishu'

Strauch-Päonie, Strauch-Pfingstrose
Paeoniaceae, Pfingstrosengewächse

Blütezeit: Mai; relativ kurz aber prächtig.
Blüte: Sehr groß, bis 23 cm Durchmesser, rein weiß, wie aus Seide, mit leuchtend gelben Staubgefäßen, halbgefüllt, leichter Duft.
Früchte: Dekorativer Samenstand bei älteren Pflanzen.
Wuchs: Locker verzweigt, bis 2 m hoch und breit, knorrige ältere Äste, winterhart.
Laub: Sehr groß und dekorativ, mittelgrün; aus 5 dreizähligen Blättern zusammengesetzt.
Weitere Arten/Sorten: **'Renkaku'**: rein weiß, halbgefüllt, anmutig gefranste Blütenblätter; **'Shimane-Hakugan':** rein weiß mit cyclamfarbenen Staubgefäßen; **'Yukizasa'**: rein weiß, halbgefüllt, reizvoll zerknittert.
Tipp: Strauch-Päonien müssen tief gepflanzt werden (Veredelungsstelle etwa 10 cm unter der Erde), damit sich das Edelreis bewurzeln kann und die Unterlage abstirbt.

Gartenwert: Riesige, spektakuläre Blüten, schönes, üppiges Laub und bizarre Form des Strauchs im Winter. Selbst der Neuaustrieb ist sehenswert.
Typ: edel, üppig.
Bester Standort: Gut durchlässiger Boden in Sonne oder Halbschatten. Selbst im lichten Schatten blühen sie zufrieden stellend, nur etwa 1 bis 2 Wochen später
Verwendung: Als Solitär im kleinen Garten. Im größeren Garten lässt sich die verhältnismäßig kurze Blütezeit (etwa 1 Woche) durch unterschiedliche Sorten verlängern. In der Floristik einzeln als Schnittblumen, in der Ikebana-Gestaltung niemals in Verbindung mit anderen Blumen.
Beste Wirkung: Einzeln auf einem gepflegten Rasen. Wenn die Nachmittags- und Abendsonne durch die Blütenblätter scheint. Zur Blütezeit sollten keine anderen Pflanzen ihr die Show stehlen.

Philadelphus 'Manteau d'Hermine'

Pfeifenstrauch, Falscher Jasmin, Gartenjasmin, Sommerjasmin
Hydrangeaceae, Hortensiengewächse

Blütezeit: Juni.
Blüte: Rein weiß, gefüllt, in Büscheln; orangenähnlicher Duft.
Früchte: Kapselfrucht, unbedeutend.
Wuchs: Dichtbuschig, niedrig, 75 cm hoch, Zweige überhängend, etwas breiter; laubabwerfend; winterhart.
Laub: Hellgrün, elliptisch bis eiförmig.
Weitere Arten/Sorten: **'Boule d'Argent'**: gefüllt, intensiv duftend; **'Burfordensis'**: große, schalenförmige weiße Blüten mit betörendem Duft, etwa 1,50 m hoch; **'Dame Blanche'**: halbgefüllte, rein weiße, wunderbar duftende Blüten, 1 m und höher; **'Virginal'**: gefüllte, intensiv duftende, rein weiße Blüten; starkwüchsig, kann über 2 m hoch werden; *P.* ***microphyllus***: reizvolle Art mit winzigen Blättern und Blüten. Intensiv duftend. Zierlicher, reich verzweigter, buschiger Wuchs, leicht überhängend, etwa 1 × 1 m.
Tipp: Jährlicher Rückschnitt nach der Blüte hilft, einem Verkahlen von innen heraus vorzubeugen.
Gartenwert: Betörender, fruchtiger Duft; reizvolle Blüten, ob einfach, schalenförmig oder gefüllt.
Typ: anmutig.
Bester Standort: Sonnig, fruchtbarer, durchlässiger Boden.
Verwendung: Als Solitär oder in Gruppen; kleinere Arten und Sorten in gemischten Rabatten, größere in Blütenhecken und als Sichtschutz.
Beste Wirkung: In einer lockeren, heiteren Bepflanzung zwischen Rosen und Sträuchern, die vorher, wie *Osmanthus* und *Choisya ternata,* oder nachher blühen. Sehr dekorativ unter einem Rosenbogen.

Pieris japonica 'White Cascade'

Lavendelheide, Schattenglöckchen
Ericaceae, Heidegewächse

Blütezeit: März, April.
Blüte: Lange, überhängende Blütenrispen aus weißen Glöckchen, leicht duftend.
Früchte: Graubraun vom Herbst bis zum Frühling.
Wuchs: Regelmäßig und dicht, etwas überhängend.
Laub: Schmal und glänzend; kupfergetönter Austrieb; immergrün.
Weitere Arten/Sorten: *P.* ***floribunda***: aufrecht stehende Rispen, cremeweiß, 1m hoch; *P.* ***formosa*** var. ***forrestii*** **'Wakehurst'**: besonders schöner, leuchtend roter Neuaustrieb; *P.* ***japonica*-Sorten**: **'Debutante'**: dichte, weiße Blütenrispen, niedriger, kompakter Wuchs; **'Scarlet O'Hara'**: rein weiße, dichte Blütenrispen, Neuaustrieb bronzefarben; *P.* ***nana***: Zwergstrauch, 5 cm hoch, 20 cm breit; winzige, dunkelgrüne Blätter, im Winter bronzefarben, kleine Blütenglocken.
Tipp: Das Ausschneiden der verwelkten Blüten fördert das Wachstum.
Gartenwert: Attraktives Laub mit reizvollem Neuaustrieb und urnenförmige Blütchen, immergrün.
Typ: elegant.
Bester Standort: Feuchter, torfiger, saurer Boden im Halbschatten oder Schatten.
Verwendung: Für schattige Rabatten als füllende Pflanze für den Hintergrund. *P. nana* als Randbepflanzung und für den Steingarten.
Beste Wirkung: Mit ihren maiglöckchenähnlichen Blüten passen sie wunderbar zwischen Rhododendren und Kamelien in einer lockeren Gestaltung.

Potentilla fruticosa 'Abbottswood'

Fingerstrauch
Rosaceae, Rosengewächse

Blütezeit: Mai bis Ende Oktober.
Blüte: Rein weiß; fünf Blütenblätter, einzeln oder in kleinen Gruppen zu zwei bis drei.
Früchte: Unscheinbare Nüsschen.
Wuchs: Dichtbuschig; niedrig, in die Breite wachsend; laubabwerfend; etwa 70 cm hoch; winterhart.
Laub: Dunkel blaugrün, feingliedrig geteilte Blätter („fünf Finger").
Weitere Arten/Sorten: **'Manchu'**: Blüten rein weiß, Laub silbergrau, etwa 80 cm; **'Eisprinzessin'**: Blüten schneeweiß, sehr reich blühend, etwa 40 cm; **'Snowflake'**: Blüten weiß, einfach bis gefüllt; Laub dunkelgrün.
Tipp: Kräftiger Rückschnitt im Frühling belohnt mit einer üppigeren Blüte.
Gartenwert: Hübsche, schalenförmige Blüten, die unermüdlich erscheinen, vom Spätfrühling bis zum Herbst. Und: buschiger, breiter Wuchs.
Typ: naturnah.
Bester Standort: volle Sonne; gut durchlässiger Boden, möglichst mit Kies vermischt; nicht zu nährstoffreich.
Verwendung: Einzeln oder in Gruppen zur Unterpflanzung für den Steingarten und für Dachgärten. Gut geeignet auch für Töpfe und für Grabbepflanzung. Ideale Randbepflanzung.
Beste Wirkung: Wunderschön als kleine Blütenhecke. Buschiger, in die Breite gehender Wuchs und lange Blütezeit. Die warmen Brauntöne der Zweige mit der bei älteren Pflanzen abblätternden Rinde sind auch im Winter attraktiv. Oberhalb von Stützmauern wirken niedrige Sorten besonders malerisch.

Rhododendron 'Cunningham's White'

Rhododendron immergrün
Ericaceae, Heidekrautgewächse

Blütezeit: Mai.
Blüte: Große Blütenköpfe („Stutze") aus zahlreichen, etwa 5 cm großen, trichterförmigen Einzelblüten; weiß mit einer zarten bräunlichen Zeichnung.
Früchte: Unbedeutend; am besten verwelkte Blüten herausdrehen.
Wuchs: Rund kompakt, dicht; nach 15 Jahren etwa 1,60 m hoch und breit; robuste Sorte, relativ winterhart.
Laub: Länglich, dunkelgrün, etwa 12 cm.
Weitere Arten/Sorten: 'Cunningham's Snow White': sehr große Blüten, gelbgrüne Zeichnung; **'Gomer Waterer'**: rein weiß, Saum zartlila; **'Dora Amateis'**: Zwergform, 60 cm, cremeweiß; **Yakushimanum-Hybriden**, mit dekorativem, silbrig-filzigem Blattaustrieb: **'Blankenese'**: rein weiß mit olivgrün, **'Falling Snow'** und **'Yaku Angel'**: rein weiß.
Tipp: INKARHO®-Rhododendren sind auf kalktoleranten Unterlagen veredelt und gedeihen auch auf weniger geeigneten (das heißt etwas kalkhaltigen) Böden.
Gartenwert: Attraktiver, niedriger Zierstrauch mit üppiger Blüte im Spätfrühling.
Typ: prächtig.
Bester Standort: Windgeschützt, lichter Schatten; lockerer, humushaltiger, leicht saurer Boden; Schutz vor Wintersonne und starkem Wind empfehlenswert.
Verwendung: In Gruppen mit anderen Moorbeetpflanzen, in Japangärten.
Beste Wirkung: In einer natürlichen Gestaltung unter lichten Bäumen, möglichst mit einem plätschernden Bach oder einem kleinen See. Begleitpflanzen – wie *Magnolia sieboldii*, *Styrax obassia*, *Viburnum plicatum* 'Mariesii', Farne, Salomonssiegel oder *Hosta* – lockern das Schwere und Gedrungene der abgeblühten Rhododendren auf.

Rhododendron 'Schneeperle'

Rhododendron laubabwerfend, „Azaleen"
Ericaceae, Heidegewächse

Blütezeit: Ende Mai bis Mitte Juni.
Blüte: Rein weiß; dicht gefüllt, kleinen Röschen ähnelnd; sehr reichblühend.
Früchte: Unbedeutend; werden am besten durch Herausdrehen der verwelkten Blüten verhindert.
Wuchs: Dicht kompakt, nach 10 Jahren etwa 35 cm hoch und 50 cm breit; winterhart.
Laub: Glänzend grün, auch im Winter gut haltend.
Weitere Arten/Sorten: '**Diamant**': rein weiß, 35 × 80 cm; '**Eisprinzessin**': rein weiß, gefüllt; 30 cm; '**Kermesina Alba**': rein weiß, 35 cm; '**Luzi**': rein weiß, ohne Zeichnung, 80 cm; '**Panda**': rein weiß, 25 cm; Knap Hill Azaleen, laubabwerfend, reichblühend, sehr winterhart: '**Persil**': rein weiß mit kontrastreichem gelbem Fleck, nach 15 Jahren etwa 1,50 m; '**Schneegold**': rein weiß mit goldgelbem Fleck

Tipp: Schutz vor Wintersonne und starkem Wind durch Abdecken mit Fichtenzweigen empfehlenswert.
Gartenwert: Attraktiver, niedrig bleibender Zierstrauch mit üppiger Blüte im Spätfrühling bis Frühsommer.
Typ: duftig, prächtig.
Bester Standort: Windgeschützt, lichter Schatten; lockerer, humushaltiger, leicht saurer Boden.
Verwendung: In Gruppen; auch einzeln in Stein-, Heide- und Japangärten.
Beste Wirkung: In Verbindung mit immergrünen Laub- und Nadelgehölzen sorgen Azaleen für Transparenz und lockern die Gestaltung auf. Wenn sie sich am Rand einer noch so kleinen Wasserfläche spiegeln, hat man gleich den doppelten Effekt.

Rosa alba 'Maxima'

„Alte Rose", einmal blühend
Rosaceae, Rosengewächse

Blütezeit: Ende Mai bis Ende Juni, ein üppiger Blütenflor pro Saison.
Blüte: Cremeweiß, dicht gefüllt, in kleinen Büscheln; intensiv duftend.
Früchte: Selten.
Wuchs: Mittelhoch, überhängend, Triebe mit Stacheln besetzt, ausgesprochen winterhart; blüht „am alten Holz", das heißt an den Trieben des Vorjahres.
Laub: Graugrün, gesund.
Weitere Arten/Sorten: *R. **alba***: **'Semiplena'**, **'Suaveolens'**, **'Blanche de Belgique'**, **'Mme Plantier'**; *R. **damascena***: niedrige bis mittelhohe Sträucher, charakteristischer Duft: **'Mme Hardy'**; *R. × **centifolia*** („Zentifolien"): niedrige Sträucher, charakteristischer Duft: **'Blanchefleur'**, **'Rose de Meaux White'**, **'Vierge de Cléry'**; *R. × **centifolia muscosa*** („Moosrosen"): wie Sorten von *R. × centifolia*, aber Blütenstiele und Knospen sehr reizvoll dicht mit moosartigen Drüsen besetzt: **'Blanche Moreau'**, **'Muscosa Alba'**.
Tipp: Verwelkte Blüten ausschneiden; direkt nach der Blüte zurückschneiden, danach nicht mehr.
Gartenwert: Üppige Blüte mit unvergleichlichem Duft, lockerer, natürlicher Wuchs und gesundes, reizvolles Laub.
Typ: anmutig, nostalgisch.
Bester Standort: Sonnig, nährstoffreicher Boden.
Verwendung: Als Solitär, in 3er-Gruppen, als kleine Kletterrosen, als lockere Hecken.
Beste Wirkung: Einer in voller Blüte stehenden Alten Rose sollte nichts die Show stehlen. Gut harmonieren sie mit graulaubigen Sträuchern und Stauden im Hintergrund einer Rabatte. Als Dreiergruppe farblich abgestimmt mit der rosafarbenen 'Königin von Dänemark' und der purpurfarbenen 'Tour de Malakoff' ein unvergesslicher Anblick.

Rosa 'Boule de Neige'

„Alte Rose", öfter blühend
Rosaceae, Rosengewächse

Blütezeit: Juni bis Spätherbst.
Blüte: Rahmweiß, Knospen und Ränder der Blütenblätter oft dunkelrosa, dicht gefüllt, kugelig, fein duftend.
Früchte: Keine.
Wuchs: Bourbon-Rose; aufrecht und buschig, etwa 1,50 m.
Laub: Dunkelgrün, ledrig.
Weitere Sorten: Bourbon-Rosen: **'Kronprinzessin Viktoria'**: entzückende Rarität, etwa 1 m; **China-Rosen**: niedrige Sträucher, nicht überall winterhart: **'White Cécile Brunner'**, niedriger Wuchs, kleine, edelrosenförmige Blüten an langen Stielen, „Knopflochrose". **Noisette-Rosen**: starkwüchsige Kletterrosen, spät bis in den Herbst blühend, nicht überall winterhart: **'Aimée Vibert'**.
Tipp: Je regelmäßiger verwelkte Blüten abgeschnitten werden und während des Sommers ein leichter Rückschnitt langer Triebe erfolgt, desto üppiger erscheinen neue Blüten. Formschnitt im Herbst und Rückschnitt im Frühjahr.
Gartenwert: Lange Blütezeit, feiner, oft fruchtiger Duft, nostalgische Wirkung.
Typ: anmutig.
Bester Standort: Halbschatten.
Verwendung: Bourbon-Rosen: als niedrige Kletterrosen an Säulen, Obelisken oder Pyramiden, China-Rosen: als kleine Gruppen oder für Töpfe, Noisette-Rosen: als Kletterrosen für Bäume.
Beste Wirkung: 'Boule de Neige' sieht besonders reizvoll aus, wenn sie an einem Geländer entlang gezogen wird. An den nach unten gebogenen Zweigen entwickeln sich aus allen Augen neue Seitentriebe mit Blütenbüscheln. Man kann die Blütezeit noch erheblich ausdehnen, wenn man eine kleinblütige Clematis oder ein Geißblatt hindurchwachsen lässt.

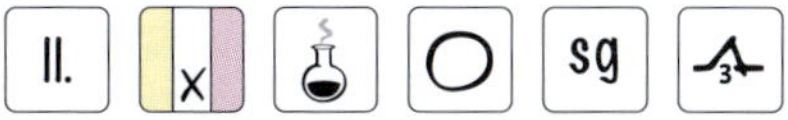

Rosa 'Schneewittchen'

Moderne Rose, öfter blühende Strauchrose
Rosaceae, Rosengewächse

Blütezeit: Vom Frühsommer bis in den Winter hinein.
Blüte: Halbgefüllt, rein weiß.
Früchte: Keine.
Wuchs: Je nach Rückschnitt Beetrose oder Strauchrose, wenig Stacheln, winterhart; Blüten erscheinen am „diesjährigen Holz".
Laub: Glänzend.
Weitere Arten/Sorten: **Polyantha-Rosen**: **'Margaret Merril'**: intensiv duftend, niedrig; **'Weiße Gruß an Aachen'**: nostalgische Blütenform, duftend, niedrig; **'Yvonne Rabier'**: halbgefüllt, fast ohne Stacheln. **Moschata-Hybriden**: **'Moonlight'**, **'Prosperity'**, **'Pax'**: feiner, typischer Duft. **Rugosa-Hybriden**: **'Blanc Double de Coubert'**: intensiv duftend, niedrig; gesundes, schönes Laub. **Englische Rosen** („Romantik-Rosen"): **'Winchester Cathedral'**, **'Glamis Castle'**.
Tipp: Rückschnitt im Frühjahr, Triebe etwa zur Hälfte einkürzen; eine „öfter blühende" Rose blüht nur dann öfter, wenn die verwelkten Blüten regelmäßig ausgeschnitten werden.
Gartenwert: Lange Blütezeit, bis in den Spätherbst hinein, meist duftend, vielseitig zu verwenden.
Typ: anmutig.
Bester Standort: Sonnig, luftig; nährstoffreicher Boden.
Verwendung: Als Solitär in Rabatten oder auf Hochstamm; sehr schön in 3er-Gruppen.
Beste Wirkung: 'Schneewittchen' und 'Yvonne Rabier' sehen besonders anmutig als Hochstamm aus. Eine lockere Bepflanzung zusammen mit blau blühendem Lavendel oder Rosmarin, mit Osmanthus und *Sarcococca* als Immergrünen in Verbindung mit grauem Naturstein wirkt sehr elegant und ruhig.

Rosa 'Swany'

Moderne Rose, öfter blühende Flächenrose
Rosaceae, Rosengewächse

Blütezeit: Vom Juni bis in den Herbst hinein.
Blüte: In Büscheln, dicht gefüllt, schalenförmig; in großer Fülle, die einzelne Blüte eher unscheinbar.
Früchte: Keine.
Wuchs: Laubabwerfend; buschig überhängend wachsend; Triebe stachelig; 40 cm.
Laub: Klein, glänzend; dunkelgrün, bronzefarben getönt, ledrig.
Weitere Arten/Sorten: **'Sternenflor'**: einfach, duftend; flach niederliegend, etwa 30 cm; gelegentlich kleine, rote Hagebutten; **'Schneeflocke'**: halbgefüllt, buschig aufrecht, etwa 50 cm; **'White Meidiland'**: stark gefüllt, buschig aufrecht, etwa 60 cm.
Tipp: Bei wurzelechten Pflanzen entfällt das sonst lästige Problem der Wildtriebe.
Gartenwert: Robust, gesund und pflegeleicht. Pflanzen decken in kurzer Zeit den Boden ab.
Typ: anmutig.
Bester Standort: Sonnig; auch Halbschatten.
Verwendung: Zu mehreren zur Begrünung größerer Flächen und Böschungen, für Parkanlagen und für die Straßengestaltung. Einzeln für Ampeln, Blumenkästen und Steingärten ('Sternenflor').
Beste Wirkung: 'Swany' kommt durch ihren anmutig hängenden Wuchs sehr gut als Hochstamm zur Geltung. Auf diese Art werden auch die Blüten bei Regenwetter nicht mit Erde bespritzt, was alles andere als schön aussieht. Alle überhängenden Rosen wirken am schönsten, wenn sie „fallen" können: über eine Mauer, über ein Geländer oder von einer Ampel.

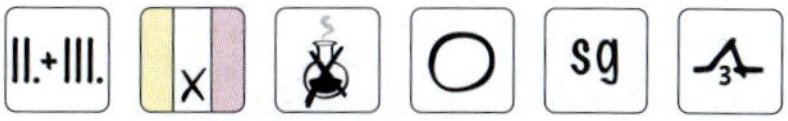

Sambucus nigra 'Laciniata'

Holunder

Caprifoliaceae, Geißblattgewächse

Blütezeit: Juni, Juli.

Blüte: Schirmähnliche Dolden mit cremeweißen, sternförmigen Blütchen. Moschusartiger Duft.

Früchte: Büschel glänzend schwarzer Beeren. Unreife Beeren giftig.

Wuchs: Aufrecht und buschig, bis 3 × 3 m.

Laub: Wunderschönes, tief eingeschnittenes, farnähnliches Laub; Blätter giftig.

Weitere Arten/Sorten: *S.* ***canadensis*** **'Maxima'**: sehr große, mittelgrüne Blätter und riesige Blütenstände (30 cm), herrlicher Duft. Blüht im Hochsommer.

Tipp: Holunder verträgt zwar einen radikalen Rückschnitt, man fördert allerdings gleichzeitig die Bildung von Ausläufern. Versuchen Sie einmal Holunderblütensirup mit frischen Erdbeeren!

Gartenwert: Wunderschönes Laub, eleganter Wuchs, duftende Blütenstände.

Typ: naturnah, elegant – eine seltene Kombination.

Bester Standort: Sonnig, fruchtbarer, feuchter Boden, am besten kalkhaltig.

Verwendung: Einzeln, oder auch als Hecke in einem frei gestalteten Garten. Attraktiv für Insekten und Vögel. Beide Sorten sind wesentlich attraktiver – auch für den naturbelassenen Garten – als der übliche Schwarze Holunder.

Beste Wirkung: Durch das sehr attraktive Laub verdient 'Laciniata' eine Solitärstellung. Auf jeden Fall sollte sie im Blickpunkt stehen, als Begrenzung in einer Ecke oder in einer größeren gemischten Rabatte. Sie wirkt gut in der Nähe von Wasser. – Hat man Platz, zusätzlich 'Maxima' zu pflanzen, verlängert man die Duft- und Blütezeit bis in den Hochsommer hinein.

Sarcococca humilis (Syn. S. hookeriana var. humilis)

Sarcococca, Fleischbeere
Buxaceae, Buchsbaumgewächse

Blütezeit: Dezember bis Januar.
Blüte: Cremeweiße, winzige, unscheinbare Blütchen in Büscheln. Die weiblichen Blüten haben rosa getönte Staubbeutel. Das Herausragende aber ist der intensive Honigduft. Man nimmt die Pflanze zuerst durch den Duft wahr.
Früchte: Kleine, lackschwarze Beeren.
Wuchs: Buschig, etwa 60 cm hoch; ohne Schnitt kugelig; bildet Ausläufer.
Laub: Immergrün, klein, lanzettlich, dunkelgrün, glänzend.
Weitere Arten/Sorten: *S.* ***confusa***: buschig, etwa 1 m; *S.* ***ruscifolia***: aufrecht, bogig wachsend, etwa 1 m, erst rote, dann lackschwarze Beeren.
Tipp: Pflanzen Sie *Sarcococca* an den Eingang, die Terrassentür oder vor ein Kellerfenster. So werden Sie auch im Haus in den Genuss intensiven Honigduftes kommen.
Gartenwert: Umwerfend duftende Blütchen mitten im Winter; immergrünes, schönes Laub; von Natur kugeliger Wuchs. Absolut pflegeleicht.
Typ: zurückhaltend, selten.
Bester Standort: Fruchtbarer, feuchter, gut durchlässiger Boden; Schatten oder Halbschatten; auch Sonne ist möglich, das Laub verliert dann nur seine dunkelgrüne Farbe und wird heller.
Verwendung: Als Solitär im Vordergrund einer Schattenrabatte, als Alternative zu Buchs. *S. confusa* und *S. ruscifolia* als niedrige Hecke. Auch im Moorbeet mit Rhododendren, Kamelien usw.
Beste Wirkung: Zu beiden Seiten des Eingangs, mit Schneeglöckchen und Christrosen. Der Duft ist an milden Wintertagen so himmlisch, dass er fast unwirklich ist.

Skimmia japonica 'Veitchii' (Syn. S. × foremanii)

Skimmie
Rutaceae, Rautengewächse

Blütezeit: April bis Mai.
Blüte: Klein, in Blütendolden zusammenstehend, süß duftend; Knospen werden im Herbst gebildet, sehr dekorativ im Winter.
Früchte: Leuchtend rot, sehr dekorativ bis ins Frühjahr hinein.
Wuchs: Immergrün, buschig, aufrecht, bis 2 m hoch und breit; dicht und rundlich.
Laub: Leuchtend grün; leicht aromatisch.
Weitere Arten/Sorten: **'Fructu Albo'**: weiblich; grüne Blütenknospen, dichte weiße Blütendolden, und weiße Früchte; 60 cm hoch; **'Rubella'**: männlich, etwa 1,20 hoch, hat zwar weiße Blüten, trägt aber ab Herbst leuchtend rote Blütenknospen; Blätter mit rotem Rand; **'Snow Dwarf'**: männlich, rein weiße Blüten, 40 cm hoch; **'Wakehurst White'**: weiblich, etwa 1,20 m hoch, weiße Früchte.
Tipp: Früchte erscheinen nur bei weiblichen Pflanzen und nur dann, wenn eine männliche Pflanze in der Nähe steht. Vielleicht können Sie Ihren Nachbarn motivieren?
Gartenwert: Attraktives Laub, duftende Blüten, Früchte und ansehnliche Gesamtwirkung.
Typ: stattlich.
Bester Standort: Fruchtbarer, feuchter, saurer bis neutraler Boden; Halbschatten, auch tiefer Schatten.
Verwendung: In Gruppen, mindestens zwei als Unterpflanzung von Gehölzen wie Rhododendren, Azaleen und Kamelien.
Beste Wirkung: Durch ihren lange anhaftenden Beerenschmuck und die schon erscheinenden Knospen bringt die Skimmie Farbe in den winterlichen Garten. Am besten kommt sie vor Immergrünen zur Geltung, zum Beispiel vor einer Eibenhecke oder auch vor Rhododendren.

Spiraea thunbergii

Spiere, Spierstrauch, Frühlings-Spiere
Rosaceae, Rosengewächse

Blütezeit: Frühling, sehr früh blühend, April.
Blüte: Einfach, winzig, aber in großer Fülle, die Zweige ganz bedeckend, erscheinen vor dem Blattaustrieb.
Früchte: Kleine Kapseln.
Wuchs: Dicht, überhängend, etwa 1 m hoch und 1,50 m breit; Blüten erscheinen am vorjährigen Holz.
Laub: Klein, schmal, gezähnt; hellgrün; dekorativ; in milden Gegenden wintergrün; orangegelbe Herbstfärbung.
Weitere Arten/Sorten: 'Snow White': 2 m; *S.* × ***arguta***, Braut-Spiere: bis 2 m hoch, strenger Duft, *S.* ***japonica*** **'Albiflora'**, Weiße Zwerg-Spiere: bis 50 cm hoch, blüht ab Juni bis September, Frühjahrsrückschnitt fördert Bildung von Blütentrieben; *S.* ***prunifolia***, Gefüllte Strauch-Spiere: bis 2 m hoch, gefüllte Blüten; Herbstfärbung gelbrotbronze; überhängender Wuchs; *S.* × ***vanhoutei***, Pracht-Spiere: bis 2,50 m hoch, pilzähnlicher Wuchs, Blüte Mai/Juni, herber Duft.
Tipp: Wenn überhaupt, dann direkt nach der Blüte zurückschneiden.
Gartenwert: Üppige Blüte im Frühling, Masseneffekt, graziler Wuchs. 'Albiflora' füllt das Blühloch einer Rabatte im Sommer.
Typ: üppig, duftig.
Bester Standort: Fruchtbarer, durchlässiger, trockener, aber nicht zu trockener Boden, Sonne.
Verwendung: Einzeln in einer gemischten Rabatte, höher werdende Arten in Blütenhecken.
Beste Wirkung: In einem Frühlingsgarten zusammen mit Zwiebelpflanzen von Schneeglöckchen über Narzissen bis zu den Hasenglöckchen. Im Sommer ist das hellgrüne Laub ein sehr schöner Kontrast vor dunklen Immergrünen, hellt dunkle Teile auf und bringt Leichtigkeit hinein.

I. | X | sg

Syringa vulgaris 'Mme Lemoine'

Flieder

Oleaceae, Ölbaumgewächse

Blütezeit: Mai, Juni.

Blüte: Gefüllt, in großen Blütenrispen, herrlich duftend.

Früchte: Unbedeutend, Fruchtstände sollten am besten weggeschnitten werden.

Wuchs: Hoher Strauch oder kleiner Baum, oft mehrstämmig, extrem winterhart, blüht am vorjährigen Holz.

Laub: Groß, herzförmig.

Weitere Arten/Sorten: **'Marie Legraye'**: rein weiß, einfach, intensiv duftend; **'Miss Ellen Willmott'**: rein weiß, gefüllt, duftend; **'Mme Casimir Périer'**: rein weiß, gefüllt; *S.* × ***persica*** **'Alba'**: insgesamt kleiner, etwa 1,50 m, und zarter. Rein weiße, kleine Blütenrispen.

Tipp: Formschnitt direkt nach der Blüte fördert auch die Blütenbildung für das nächste Jahr.

Gartenwert: Blütenrispen mit ihrem unverkennbaren, herrlichen Duft. Danach ist der Flieder mit seinem unregelmäßigen Wuchs keine Zierde für einen Garten.

Typ: naturnah, nostalgisch.

Bester Standort: Fruchtbarer, durchlässiger Boden, am besten alkalisch, volle Sonne.

Verwendung: Einzeln oder als Gruppe im naturbelassenen Garten, im Hintergrund einer Rabatte, für große Blütenhecken, zum Schneiden für die Vase.

Beste Wirkung: Ein Duftgarten ohne den nostalgischen Duft des Flieders ist kaum denkbar. Ein wahrer Genuß zur Blütezeit. Aber dann? Die wenig attraktive Zeit danach gewinnt, wenn man eine Clematis oder eine Kletterrose hindurchwachsen lässt. Je nach Farbkonzept sehen sehr schön Violett-Töne aus, z. B. *Clematis viticella* 'Jorma' oder *Clematis* 'Jackmanii'; Rosen 'Veilchenblau' oder 'Bleu Magenta'.

Viburnum × burkwoodii
'Anne Russell'

Schneeball, Duft-Schneeball
Caprifoliaceae, Geißblattgewächse

Blütezeit: März, April.
Blüte: Klein; weiß, in runden Blütenköpfen; süßer Gewürznelkenduft.
Früchte: Wenige kleine, längliche Früchte, anfangs rot, später schwarz; giftig.
Wuchs: Locker, offen, 1,50 m
Laub: Halbimmergrün; glänzend dunkelgrün; hübsche Herbstfärbung.
Weitere Arten/Sorten: *V.* × ***bodnantense*** **'Deben'**: Winter-Schneeball, winterblühend, Oktober bis März; Blüten leicht rosa überzogen, süßer Honigduft; *V.* ***plicatum*** **'Mariesii'**: Etagen-Schneeball, große, flache Blütendolden, ähnlich denen der Teller-Hortensien; breit ausladender Wuchs; *V.* ***rhytidophyllum***, Zungen-Schneeball. immergrün, 3 bis 4 m hoch; lange, schmale, runzlige Blätter, cremeweiße Trugdolden; *V.* ***tinus***, Immergrüner Schneeball: dichter, buschiger Wuchs bis 2 m, weiße Blütendolden. Nur in milden, geschützten Lagen für das Freiland geeignet
Tipp: Möchte man einen reichen Fruchtansatz haben, sollte man mehrere Pflanzen derselben Art zusammensetzen.
Gartenwert: Herrlich duftende, weiße Blütendolden, schönes; glänzendes Laub.
Typ: prächtig, filigran.
Bester Standort: Tiefgründiger, fruchtbarer, nicht zu trockener Boden; je sonniger, desto üppiger die Blüte
Verwendung: Im Frühlingsgarten, für Blütenhecken, als Gruppengehölz.
Beste Wirkung: 'Anne Russell' ist der ideale Hintergrund für eine Blumenrabatte, allerdings so platziert, dass man zur Blütezeit den Duft uneingeschränkt genießen kann. Da der Wuchs sehr locker und „durchsichtig" ist, sollte auch sein Hintergrund schön sein, z. B. eine ruhige Eibenhecke, eine alte Mauer oder eine bewachsene Laube.

I. | x | sg

Yucca recurvifolia

Yucca, Palmlilie
Agavaceae, Agavengewächse

Blütezeit: August, September.
Blüte: Cremeweiß; glockenförmig, süß duftend, an einer 1,50 m hohen Blütenrispe.
Früchte: Kapsel mit schwarzen Samen.
Wuchs: Schopfförmige Blattrosette; kurzstämmig; junge Pflanze einstämmig, ältere Pflanze mehrstämmig.
Laub: Immergrün; anfangs blaugrün, später grün; imposant, scharf, spitz, schwertförmig; charakteristisch zurückgebogen.
Weitere Arten/Sorten: *Y. **filamentosa***-**Sorten** **'Schellenbaum'** und **'Elegantissima'**: vergleichsweise winterhart. *Y. **flaccida*** **'Ivory'**: stammlos, bis 75 cm, Blüte cremeweiß/grünlich; etwas weniger winterhart.
Tipp: Pflanzen Sie *Yucca* so, dass sich die messerscharfen Blattspitzen nicht in Augenhöhe befinden, vor allem nicht in Augenhöhe von Kindern.
Gartenwert: Beeindruckende, schwertförmige Blattrosette; auffällige, hohe Blütenrispe mit cremeweißen Glocken. Architektonische Wirkung.
Typ: stattlich.
Bester Standort: Sonnig, windgeschützt, warm; durchlässiger, nährstoffarmer, kalkhaltiger Boden, eher trocken; im Freiland nur an klimatisch bevorzugten Standorten.
Verwendung: Einzeln als Blickpunkt in einem tropisch angelegten Garten, in Ecken von Rabatten oder als 3er-Gruppe auf einem größeren Rasen. Für einen schlichten Topf auf einer südlichen Terrasse.
Beste Wirkung: Zusammen mit Sand, Steinen und Gräsern in einem „Wüstengarten". Sehr gut passen Zierdisteln – *Eryngium × oliverianum* mit ihren lavendelfarbenen Blütenköpfen dazu. *Y. flaccida* 'Ivory' wirkt als Mittelpunkt eines Trompe l'oeil-Bogens für sich allein.

Zenobia pulverulenta

Honigtöpfchen
Ericaceae, Heidegewächse

Blütezeit: Mai, Juni.
Blüte: Rein weiß, glockenförmig, hängend, Maiglöckchen nicht unähnlich, aber größer; erscheinen in den Blattachseln; warmer Duft.
Früchte: Kleine, braune kugelige Kapseln.
Wuchs: Niedrig, etwa 1 m, Zweige überhängend; winterhart; bildet leicht Ausläufer.
Laub: Laubabwerfend bis halbimmergrün; klein, schmal, leicht gezähnt; nach dem Austrieb bläulich bereift, danach hellgrün. Schöne Herbstfärbung.
Weitere Arten/Sorten: Keine.
Tipp: Das Entfernen schwacher Triebe nach der Blüte fördert einen buschigeren Wuchs.
Gartenwert: Duftende, grazile Blütenglocken; helles, bläuliches, dann zartgrünes Laub. Etwas Besonderes für eine Moorbeetpflanzung.
Typ: grazil, ausgefallen.

Bester Standort: Feuchter, saurer Boden, Sonne bis Halbschatten; je trockener der Boden, desto schattiger kann sie stehen.
Verwendung: Einzeln als Rarität zwischen anderen Moorbeetpflanzen; auch als lockere Gruppe vor Gehölzen.
Beste Wirkung: Dieses besonders dekorative Kleinod wirkt am besten in einem Hochbeet. So kann man die wunderschönen Glöckchen auch von unten betrachten. Zwischen Kamelien, Azaleen und kleineren Rhododendren, zusammen mit Frühlingsblühern wie *Scilla* und Traubenhyazinthen. Die bläuliche Farbe hebt den Blattaustrieb noch hervor.

Clematis terniflora (Syn. C. maximowicziana)

Clematis, Waldrebe
Ranunculaceae, Hahnenfußgewächse

Blütezeit: Spätsommer bis Herbst.
Blüte: Kleine, duftende weiße Sterne aus nur vier Blütenblättern in Rispen in großer Fülle.
Früchte: Dekorative Samenstände.
Wuchs: Starkwüchsig, 2,50 bis 4,50 m. Rankenkletterer, braucht Stütze.
Laub: Dunkelgrün, gefiedert, sehr gesund.
Weitere Arten/Sorten: *C.* ***alpina sibirica*** **'Riga'**: weiße, einfache Blütenglocken mit langen Blütenblättern, März bis April; *C.* ***armandii*** **'Snow Drift'**: rein weiße Blütensterne Februar bis April, Bittermandelduft; großes, längliches Laub, immergrün; nur an milden, geschützten Standorten fürs Freiland geeignet; *C.* ***mandschurica***: kleine weiße Sterne in großer Fülle, Juni/August; sehr grazil; 1,50 m hoch; bevorzugt Sonne; *C.* **'Alabast'**: große, weiße Blüten, 15 cm ∅, Mai/Juni, Nachblüte im August/September.

Tipp: Alle *Clematis* sollten im Pflanzjahr im November etwa 30 cm über dem Boden abgeschnitten werden, unabhängig von der Art. Sie verzweigen sich dann besser.
Gartenwert: Üppige Blüte, fedrige Samenstände, hübsches Laub, vielseitige Verwendung; frei von jeglichen Krankheiten.
Typ: anmutig, duftig, grazil.
Bester Standort: Lockerer Boden, Südlage; andere Arten wie angegeben.
Verwendung: Clematis eignen sich zum Bedecken von Mauern, Zäunen, Obelisken oder Gartenlauben. Großblütige Sorten auch für Töpfe, starkwüchsige Wildarten zum Überwachsen von Bäumen. Clematis sind ideale Begleiter von Rosen.
Beste Wirkung: *C. terniflora* ergibt ein zauberhaftes Bild, wenn man sie über einen Kirschlorbeer mit großem Laub wachsen lässt oder entlang eines Gartenzauns.

Hydrangea anomala subsp. petiolaris (Syn. Hydrangea petiolaris) ☠

Kletter-Hortensie
Hydrangeaceae, Hortensiengewächse

Blütezeit: Juni bis Juli.
Blüte: Cremeweiße, abgeflachte, große Doldentrauben, etwa 25 cm Durchmesser, aus fruchtbaren und unfruchtbaren Blütchen. Weicher Honigduft, im Verlauf intensiver werdend. Blüht nach 5 bis 7 Jahren.
Früchte: Dunkelbraune Samenstände.
Wuchs: Selbsthaftend mit Luftwurzeln an Bäumen und Mauern. Höhe bis 15 m.
Laub: Herzförmige, hellgrüne Blätter; werden im Herbst leuchtend gelb.
Weitere Arten/Sorten: ***Schizophragma hydrangeoides***, Spalthortensie: ähnlich der Kletter-Hortensie, besonders hübsche, herzförmige Randblüten; extrem langsam wachsend, bis 10 m; ***Decumaria barbara***, Sternhortensie: halbimmergrün mit kleinen, weißen, nach Honig duftenden Blütenbüscheln.
Tipp: Lässt sich selbst in einem großen Tontopf kultivieren. Ausreichend gießen.
Gartenwert: Große, duftende Blütenköpfe im Schatten; dekorative, sich abschälende Rinde, knorriger Wuchs; leuchtend gelbe Herbstfärbung.
Typ: stattlich.
Bester Standort: Durchlässiger, saurer, feuchter Boden, problemlos.
Verwendung: Zum Begrünen von Mauern und Wänden, auch großer, laubabwerfender Bäume. Ideal für Nordseiten. Auch als Stütze für andere Kletterer.
Beste Wirkung: Verleiht einer Nordwand Leben, durch Blüten, Duft und Herbstfärbung. Bienen werden angelockt. Lässt man noch ein Geißblatt – *Lonicera periclymenum* 'Graham Thomas' hindurchwachsen, auch Nachtfalter. Durch deren rote, johannisbeerähnliche Früchte wirkt eine solche Wand dekorativ bis in den Herbst.

II. | X | sg | 3

Jasminum officinale

Jasmin, Echter Jasmin
Oleaceae, Ölbaumgewächse

Blütezeit: Sommer bis Frühherbst.
Blüte: Rein weiße, kleine Blüten öffnen sich während des ganzen Sommers aus rosafarbenen Knospen; süßer, exotischer Duft.
Früchte: Schwarze Beeren.
Wuchs: Starkwüchsig, dünntriebig, verholzend; in sehr milden Wintern halbimmergrün. Spreizklimmer, braucht Rankhilfe. Bis 10 m hoch.
Laub: Dunkelgrüne Fiederblättchen.
Weitere Arten/Sorten: *J. **sambac***, Arabischer Jasmin: wachsweiße, orientalisch duftende Blüten, schönes, großes Laub, etwa 2 cm; nicht winterhart; ***Trachelospermum jasminoides***; Sternjasmin: rein weiße, kleine Blütensterne; Auspflanzen ins Freiland nur in sehr milden Gegenden möglich, dann bis 9 m Höhe.
Tipp: Wenn ausgepflanzt, freut sich der Jasmin über eine dicke Laubschicht im Winter.

Gartenwert: Intensiv duftende Blütchen und schönes Laub.
Typ: exotisch, grazil.
Bester Standort: Fruchtbarer, durchlässiger Boden; volle Sonne; nur in besonders milden Gegenden und auch da nur im Schutz einer warmen Mauer.
Verwendung: Für einen Wintergarten oder für einen schönen Topf, der bei Frost hereingeholt werden kann. Ausgepflanzt in einiger Entfernung von Fenstern, der Duft kann in seiner Fülle ein „Zuviel" sein.
Beste Wirkung: Jasmin wirkt besonders schön, wenn er natürlich über eine Pergola, einen Pavillon oder einen nostalgischen Schuppen wachsen kann. Auch ein Baumstumpf bietet sich als Stütze an. Andere Duftpflanzen würden in seiner Nähe untergehen, zur Blütezeit verträgt er keine Konkurrenz. Niedrige Sträucher und Stauden sind gute Begleiter für den Vordergrund.

II.+III. | x | sg

Lathyrus-Spencer-Hybride 'White Supreme'

Duftwicke
Fabaceae, Schmetterlingsblütengewächse

Blütezeit: Sommer bis Frühherbst.
Blüte: Schwanenweiße, große Schmetterlingsblüten mit gewellten Blütenrändern an langen, starken Stielen, süß duftend. Regelmäßiges Entfernen der verwelkten Blüten regt zu üppigerem Flor an.
Früchte: Lange, dünne Hülsen mit Samen.
Wuchs: Einjährig, rankend; Höhe 2,0 bis 2,50 m.
Laub: Oval, frischgrün, mit Ranken.
Weitere Arten/Sorten: 'Royal White': besonders viele, große Blüten mit weichem Vanilleduft, besonders standfest; *L.* ***latifolius*** **'White Pearl'**: rein weiße Blüten, blaugrünes Laub; mehrjährig
Tipp: Wicken zieht man am besten selbst aus Samen. Einjährige können ab Frühlingsmitte direkt an Ort und Stelle ausgesät werden.
Gartenwert: Dekorative, duftende Blüten, rascher Wuchs.
Typ: duftig.
Bester Standort: Fruchtbarer, durchlässiger Boden, volle Sonne. Braucht unbedingt eine Stütze.
Verwendung: Zur Begrünung alter Zäune, von Schuppen und kleineren Spalieren. Sehr hübsch für kleine Sträuße. – Giftig!
Beste Wirkung: Wicken gehören einfach in einen sommerlichen Bauerngarten. Deshalb ist es wichtig, nach duftenden Sorten zu suchen. An einem alten Holzzaun oder einem kleinen Spalier gezogen unterstreichen sie ein nostalgisches Ambiente mit Alten Rosen, Stockrosen, Lupinen und Nelken. Auch hübsch zur Begrenzung eines Gemüsebeetes. Da farblich aufeinander abgestimmte Wicken in weiß, rosa und violett besonders natürlich aussehen, sind die leichter erhältlichen Mischungen kein Kompromiss.

II.+III. | x | sg | 1

Lonicera periclymenum 'Graham Thomas' ☠

Geißblatt, Wald-Geißblatt
Caprifoliaceae, Geißblattgewächse

Blütezeit: Juni bis September.
Blüte: Cremeweiße Röhren, im Verblühen sattgelb; wunderbarer Honigduft, besonders intensiv am Abend.
Früchte: Leuchtend rote Früchte wie Johannisbeeren.
Wuchs: Starkwüchsige, verholzende Schlingpflanze, 5 bis 6 m hoch.
Laub: Blätter mattgrün, Unterseite bläulich.
Weitere Arten/Sorten: *L.* ***caprifolium*** **'Praecox'**: cremeweiße, leicht gelb und außen etwas rot getönte Blüten, ab Spätfrühling; *L.* ***japonica*** **'Halliana'**: rein weiße Blüten mit zitronigem Duft vom Spätfrühling an; immergrün oder halbimmergrün; *L.* × ***purpusii*** **'Winter Beauty'**, Winterblühendes Geißblatt: rein weiße, intensiv nach Veilchen duftende Blüten, in milden Wintern schon ab Dezember, bis Februar; halbimmergrün.
Tipp: *L. japonica* 'Halliana' eignet sich gut als Bodendecker, ideal für eine Böschung.
Gartenwert: Herrlich duftende Blüten, sehr robust und pflegeleicht; äußerst dankbar.
Typ: naturnah, grazil.
Bester Standort: Humoser, feuchter und kühler Boden, am besten Halbschatten.
Verwendung: *Lonicera* sind unentbehrliche Schätze im Duftgarten für Spaliere, Zäune, Pergolen, lassen sich über große Sträucher und Baumkronen ziehen, als „Rahmen" für den Hintergrund eines Sitzplatzes.
Beste Wirkung: Wenn es sich seinem Naturstandort gemäß entwickeln darf. Hinauf in Bäume, deren Kronen es dann locker überzieht, oder frei über Zäune, Mauern oder eine rustikale Pergola ergibt eine viel lockerere Wirkung als festgebunden an einer Wand. Wir haben sie durch eine Kletter-Hortensie wachsen lassen – ein Lichtblick an einer Nordwand.

II. | X | sg | 3

Rosa 'Bobbie James'

Rose/Kletterrose/Rambler
Rosaceae, Rosengewächse

Blütezeit: Juni.
Blüte: Cremeweiß, schalenförmig, leicht gefüllt, mit fruchtigem Duft, in großen, herabhängenden Büscheln.
Früchte: Selten; kleine Hagebutten.
Wuchs: Starkwüchsig, bis 6 m hoch, Spreizklimmer, lange, kräftige, biegsame Triebe.
Laub: Üppiges, glänzendes Laub; kupfriger Austrieb.
Weitere Arten/Sorten: **'Rambling Rector'**: Multiflora-Rambler; einmalblühend; weiße, halbgefüllte Blütchen duften in ihrer großen Fülle nach Moschus. Schöne Hagebutten; **'Climbing Schneewittchen'**: Kletterrose, öfter blühend; rein weiße, halbgefüllte Blüten in großen Büscheln. Nach dem Hauptflor erscheinen bis in den Herbst hinein immer wieder Blüten.
Tipp: Um einen Rambler in einen Baum wachsen zu lassen: binden Sie ihn bis 2 m Höhe am Baumstamm fest. Sie sucht sich den Weg zum Licht dann selbst.
Gartenwert: Wunderschöne Blüten in großen Büscheln in Fülle; schönes Laub; bei einfachen Blüten entzückende Hagebutten; schöner, biegsamer Wuchs. Rambler sind sehr pflegeleicht.
Typ: anmutig, nostalgisch.
Bester Standort: Sonne oder Halbschatten; nährstoffreicher Boden. Keine heiße Südseite.
Verwendung: Rambler klettern in Bäume, überziehen Pavillons, Pergolen oder Mauern; Kletterrosen lassen sich an Bögen oder Säulen hochbinden, auch fächerförmig an einer Mauer.
Beste Wirkung: Rambler und alte, knorrige Obstbäume – etwas Harmonischeres gibt es kaum. Wenn ihre Blütenkaskaden im Juni die Krone überziehen, hüllen sie den Baum in eine „zweite Blüte".

II. | X | sg

Solanum laxum 'Album' (Syn. S. jasminoides 'Album')

Jasmin-Nachtschatten
Solanaceae, Nachtschattengewächse

Blütezeit: Sommer bis Herbst.
Blüte: Büschel rein weißer, kleiner, sternförmiger Blütchen mit hübschen gelben Staubgefäßen. Sie ähneln Jasminblüten, sind aber ohne Duft – dafür aber sehr haltbar.
Früchte: Winzige, dunkelviolette Beeren.
Wuchs: Verholzende Schlingpflanze, Höhe bis 4 m, im Topf aber wesentlich kleiner.
Laub: Halbimmergrün, ovale bis lanzettliche Blätter, mattgrün.
Weitere Arten/Sorten: 'Album Variegatum' und **'Aureovariegatum'**: weiß- bzw. goldfarben panaschiertes Laub.
Tipp: Läßt sich auf jede gewünschte Höhe zurückschneiden.
Gartenwert: Strahlend weiße Blütchen über eine lange Zeit, sehr blühfreudig und pflegeleicht.
Typ: grazil, mediterran.
Bester Standort: Im Sommer: sonnig bis halbschattig und warm. Muss viel gegossen werden. Im Winter: frostfrei, hell und kühl (etwa 5 °C), nicht austrocknen lassen. Im Gewächshaus oder Wintergarten auch bei höheren Temperaturen. Bei genügendem Licht blüht sie fast das ganze Jahr. An einem sehr geschützten, klimatisch begünstigten Standort kann sie auch im Freiland ausgepflanzt werden, leichte Fröste hält sie aus.
Verwendung: In einem Topf mit einer Kletterhilfe auf einer Terrasse, einem Balkon oder Innenhof. Sehr dekorativ in einer Ampel. Als „Lückenbüßer" in einer Rabatte.
Beste Wirkung: Die strahlend weißen Blüten hellen jede Pflanzung auf: in einer Rabatte vor einem dunklen Hintergrund, in einer milden Gegend vor einer dunklen Mauer. Auf dem kleinsten Balkon in einer Ampel; als Pflanzgefäße wirken alte Kupfer- oder Messingkessel besonders attraktiv.

Wisteria brachybotrys 'Shiro Kapitan' (auch 'Shiro Kapitan Fuji') (Syn. W. venusta 'Alba' oder 'Alba Plena')

Glyzine, Blauregen
Fabaceae, Schmetterlingsblütler

Blütezeit: Mai.
Blüte: Relativ kurze, dichte, milchweiße Blütentrauben, gelegentlich gefüllt, erscheinen vor dem Laub. Herrlich weicher Vanilleduft.
Früchte: 20 cm lange, samtige, grüne Samenkapseln, ähnlich denen der Bohnen.
Wuchs: Starkwüchsige Schlingpflanze, 9 m und höher. Wird im Alter sehr knorrig.
Laub: Groß, gefiedert, maigrün.
Weitere Arten/Sorten: *W.* ***floribunda*** **'Alba'**: blüht nach dem Blattaustrieb; *W.* ***sinensis*** **'Alba'**: blüht vor dem Blattaustrieb; *W.* ***sinensis*** **'Alba Plena'**: gefüllt.
Tipp: Glyzinen horizontal ziehen. Seitentriebe besonders im August bis auf wenige Augen zurückschneiden, da sich die Blütenknospen an Kurztrieben entwickeln.
Gartenwert: Glyzinen sind die spektakulärsten Kletterpflanzen des Frühlings. Die knorrigen Stämme sind im Winter eine Zierde für sich.
Typ: prächtig, nostalgisch, ausgefallen.
Bester Standort: Nahrhafte, gut durchlässige Erde; Sonne oder Halbschatten; an heißen Südwänden im Sommer reichlich gießen.
Verwendung: Zum Klettern in starke Bäume, an sehr stabilen, horizontal ausgerichteten Klettergerüsten an Wänden und Mauern (Pflanzabstand zur Wand mindestens 30 cm), an stabilen Pergolen, über Bögen und Geländer. Auch als Hochstamm oder kleiner Baum (professioneller Schnitt vorausgesetzt).
Beste Wirkung: Eine weiße Glyzine ist etwas Besonderes und sollte auch so wirken können. Wunderschön entlang eines Geländers oder Gartenhauses gezogen, entzückend als kleiner Baum in einem Frühlingsbeet und nicht zu überbieten in der Nähe von Wasser.

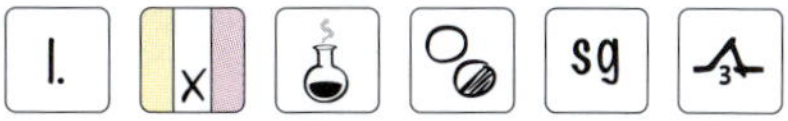

Agapanthus campanulatus weiße Form (Syn. ‘Albus’)

Schmucklilie, Liebesblume
Alliaceae, Lauchgewächse

Blütezeit: Juli, September.
Blüte: Rein weiße Dolden mit vielen glockenförmigen Einzelblüten an kräftigen Stielen.
Früchte: Dekorative Samenstände.
Wuchs: Horstbildend, starkwüchsig, relativ winterhart; Höhe 60 cm bis 1,20 m.
Laub: Kurze, schmale, graugrüne Blätter.
Weitere Arten/Sorten: **‘Headbourne White’**: rein weiß; 70 bis 90 cm; gut winterhart und sehr standfest. **‘Umbellatus Albus’**: rein weiß, 70 cm; **‘White Dwarf’**: hübsche, kleine, kompakte Sorte; rein weiße Blütendolden mittlerer Größe; sehr reich blühend; 40 bis 50 cm; **‘White Heaven’**: Neuzüchtung aus Holland; große, weiße Dolden; bei frostfreier Überwinterung immergrün
Tipp: Pflanzabstand 30 bis 50 cm. Geeignete „Lückenbüßer“: Schneeglöckchen und kleinblütige Narzissen.
Gartenwert: Große, dekorative Blütendolden über eine lange Zeit; strukturgebendes Laub.
Typ: elegant, exotisch.
Bester Standort: Feuchter, durchlässiger, lehmiger, warmer Boden, am liebsten sonnig; Winterabdeckung mit Laub dringend erforderlich.
Verwendung: In Gruppen in geschützten Rabatten; als Solitär in einem großen Topf in Innenhof, Dachgarten oder Terrasse. In der Floristik: Schnittblumen/getrocknete Samenstände für winterliche Arrangements.
Beste Wirkung: In einem schlichten, edlen Terrakottatopf wirkt die Schmucklilie zur Blütezeit für sich allein. Besonders schön am Rand eines Wasserbeckens, zum Beispiel an den vier Ecken als Blickpunkt. Auch in einer Rabatte gut als Eckbepflanzung. Zusammen mit anderen Blattformen (zum Beispiel mit Hortensien) ergeben sich Kontraste, die wiederum harmonisch sind.

Anemone × hybrida (Syn. A. japonica) 'Honorine Jobert'

Japan-Anemone, Herbst-Anemone
Ranunculaceae, Hahnenfußgewächse

Blütezeit: August bis September.
Blüte: Weiße, einfache, christrosenähnliche Blütenschalen mit grünem Knopfauge und einem Kranz gelber Staubgefäße.
Früchte: Kugeliger Fruchtstand.
Wuchs: Aufrecht; stark verzweigte, drahtige Stängel; Höhe etwa 80 cm; einmal etabliert, bildet sie fleißig Ausläufer.
Laub: Matt, dunkelgrün, tief geteilt.
Weitere Arten/Sorten: 'Whirlwind': halbgefüllt mit gewellten Blütenblättern, rein weiß mit etwas Grün an der Basis; bleibt etwas niedriger; **'Luise Uhink'**: große, halbgefüllte weiße Blüten, Rückseite der Blütenblätter grünlich.
Tipp: Kaufen Sie nicht gleich zu viele Pflanzen, sonst werden Sie nach einigen Jahren nur noch Herbst-Anemonen in Ihrem Staudenbeet haben. Bei der in Gartencentern ohne Sortennamen angebotenen Herbst-Anemone handelt es sich mit einiger Wahrscheinlichkeit um die Sorte 'Honorine Jobert'.
Gartenwert: Rein weiße Blüten von September bis Anfang November; leicht zu kultivieren und sehr langlebig.
Typ: üppig.
Bester Standort: Feuchter, nährstoffreicher Boden; lichter Schatten ist ihr am liebsten.
Verwendung: An Plätzen, wo sie sich ungestört ausbreiten kann, um Licht in den herbstlichen Garten zu bringen; für Rabatten und für den Gehölzrand.
Beste Wirkung: Zusammen mit hohen Gräsern und Funkien – *Hosta* sind Herbst-Anemonen ein Blickfang im Hintergrund einer Rabatte. Ein dunkler Abschluss mit Eibe, Kirschlorbeer oder auch einem Holzzaun erhöht noch die Wirkung.

II. | x | sg

Anthericum liliago

Graslilie, Astlose Graslilie
Anthericaceae, Grasliliengewächse

Blütezeit: Mai bis Juni.
Blüte: Hohe Blütenähren mit kleinen, rein weißen, trichterförmigen, lilienförmigen Blüten.
Früchte: Kugeliger Fruchtstand, dekorativ bis in den Herbst hinein.
Wuchs: Aufrecht, sehr filigran, horstbildend, bis 60 cm hoch.
Laub: Die schmalen, lanzettlichen, grasartigen, graugrünen Blätter erscheinen direkt aus dem Boden. Honiggelbe Herbstfärbung.
Weitere Arten/Sorten: **'Major'**: Blüten sind größer und öffnen sich flach; *A.* ***ramosum***: Rispen mit kleinen, sternförmigen Blüten; bis 80 cm hoch; Blütezeit Juni/Juli
Tipp: Die abgeblühten langen Stängel mit den kugeligen Früchten wirken auch im Herbst sehr dekorativ. Nicht zu früh abschneiden.
Gartenwert: Grazile Gesamtwirkung; hübscher, lockerer Wuchs; sehr filigrane Blütenähren; problemlos und pflegeleicht.
Typ: grazil.
Bester Standort: Fruchtbarer, durchlässiger, kalkhaltiger Boden, am liebsten sonnig.
Verwendung: In der Staudenrabatte, im Steingarten, zum Verwildern im Rasen; exzellent als Schnittblume.
Beste Wirkung: Graslilien harmonieren sehr gut mit Steinen, am besten mit porösem Kalkstein. In lockeren Tuffs zwischen Akelei – *Aquilegia*, cyclamfarbenem Storchschnabel, z. B. *Geranium sanguineum* und Diptam – *Dictamnus* entsteht ein heiteres Bild.

I.+II. X sg 3

Aquilegia flabellata var. pumila 'Alba' (Syn. 'Nana Alba', 'Pumila Alba', fo. alba)

Akelei, Zwerg-Akelei
Ranunculaceae, Hahnenfußgewächse

Blütezeit: Mai, Juni.
Blüte: Leicht nickend, glockenförmig, Blütenblätter geriffelt, weiß mit einem Hauch von Grün an den Spitzen der Blütenblätter; sehr kurzer Sporn.
Früchte: Mehrteilige Früchte mit vielen kleinen, schwarzen Samen.
Wuchs: Niedrig und buschig, 10 × 10 cm, kurzlebig. Elegant.
Laub: Hübsche, offene Blattrosetten in einem interessanten Blaugrün.
Weitere Arten/Sorten: *A. **fragrans***: cremeweiße Blüten, süß duftend, bis 30 cm hoch und 20 cm breit; *A.* ***vulgaris*** var. ***flore pleno*** (Syn. 'Double White', 'Tower White', 'White Bonnet'): gefüllt; *A.* ***vulgaris* 'Nivea'** (Syn. 'Munstead White', 'Alba'): große, trichterförmige, rein weiße Blüten, graugrünes Laub, Höhe etwa 75 cm; neuere weiß blühende Hybriden: **'Schneekönigin'**, **'White Rock'** oder **'White Star'**.
Tipp: Wenn Sie auf eine rein weiße Nachkommenschaft Wert legen, geht es nur durch Teilung der Mutterpflanze.
Gartenwert: Nostalgische Blüten, glocken- oder trichterförmig; zierlicher Wuchs.
Typ: nostalgisch, filigran.
Bester Standort: Feuchter, gut durchlässiger Boden, kalkhaltig; Halbschatten bis Sonne.
Verwendung: Einzeln oder in kleinen Gruppen in Rabatten oder Steingärten.
Beste Wirkung: Ein Bauerngarten ist ohne Akelei nicht denkbar. Lockert aber auch jede andere Gestaltung auf. Sie sollte nicht massiv, sondern vereinzelt so gepflanzt werden, als würden ihre Blüten über denen der anderen Pflanzen schweben. Sehr schön auch zu Füßen von Rosen.

Arabis caucasica (Syn. A. albida)

Gänsekresse, Kaukasische Gänsekresse
Brassicaceae, Kreuzblütengewächse

Blütezeit: April bis Mai.
Blüte: Lockere Trauben kleiner weißer Blüten mit 4 Blütenblättern.
Früchte: Kleine Schoten.
Wuchs: Flache Polster, bis 15 cm hoch und 50 cm breit, bodendeckend. Völlig winterhart.
Laub: Lockere Rosetten aus mittelgrünen, ovalen, gezähnten Blättern.
Weitere Arten/Sorten: **'Flore Plena'**: rein weiße, gefüllte Blüten; **'Schneehaube'**: schalenförmige Einzelblüten in dicken Büscheln; **'Variegata'**: Blätter mit cremefarbenem Rand; A. ***procurrens*** **'Glacier'**: nur etwa 5 cm hoch; hübsche, schneeweiße Blüten; Blütezeit April; toleriert lichten Schatten.
Tipp: Rückschnitt nach der Blüte fördert dichten Wuchs.
Gartenwert: Rein weiße, hübsche Blütchen; reichblühend; immergrün; völlig problemloser Bodendecker.
Typ: naturnah, anmutig.
Bester Standort: Gut durchlässiger Boden; kommt gut mit armen Böden zurecht; volle Sonne.
Verwendung: Bodendecker für trockene, sonnige Plätze, für Steingärten und als Einfassung für Beete und Rabatten.
Beste Wirkung: Gänsekresse wirkt sehr anmutig zwischen den Steinen auf den Terrassen eines Steingartens. Nur Achtung, dass sie mit ihrem Ausbreitungsdrang nicht bescheidene „Mauerblümchen“ überwuchert. – Dekorativ als Begrenzung von Treppen und zwischen Trittsteinen im naturbelassenen Garten.

Aster ericoides 'White Heather'

Aster, Myrten-Aster
Asteraceae, Korbblütengewächse

Blütezeit: September bis November.
Blüte: Schlanke Rispen aus kleinen, weißen Blütensternen, ähnlich den Gänseblümchen.
Früchte: Unbedeutend.
Wuchs: Buschig, Horste bildend, lockerer Aufbau; Höhe bis 75 cm, Breite 50 cm.
Laub: Lanzettförmig, klein, frisch grün; an drahtigen Stielen.
Weitere Arten/Sorten: *A.* ***alpinus*** **'Albus'**: Alpen-Aster; relativ große Blüten mit großer, gelber Mitte; etwa 15 cm hoch; Blütezeit Frühsommer; kurzlebige Staude – 3 Jahre; *A.* ***dumosus*-Hybride 'Kristina'**, Kissen-Aster: rein weiß, halbgefüllt, überreich blühend, Höhe etwa 30 cm; *A.* ***novae-angliae*** **'Herbstschnee'**, Rauhblatt-Aster: rein weiß, großblumig, starkwüchsig, Höhe bis 1 m; Blütezeit Anfang August bis Mitte Oktober; *A.* ***novi-belgii*** **'Schneeberg'**, Glattblatt-Aster: einfache, zottige weiße Blüten, Höhe etwa 1 m.
Tipp: Ein Rückschnitt im Juli verhindert bei höheren Sorten das Auseinanderfallen.
Gartenwert: Überreich blühend im Herbst
Typ: naturnah, duftig.
Bester Standort: *A. ericoides* und *A. alpinus* gut durchlässiger Boden und volle Sonne; übrige: frischer bis feuchter Boden, Sonne bis Halbschatten. Bei Trockenheit gießen.
Verwendung: In kleinen Gruppen im Steingarten; *A. alpinus* auch für Schalen. Sonst in Gruppen im Staudenbeet, auch großflächig für naturnahe Gestaltung; *A. novi-belgii* auch für Sträuße.
Beste Wirkung: Sie bringt im Herbst hübsche Lichteffekte in eine sonnige Rabatte mit trockenerem Boden. Sie hat den großen Vorteil, dass sie keine Stütze braucht, was viel natürlicher wirkt. Schön zusammen mit Kissen-Phlox. – Die anderen Herbst-Astern lassen sich gut miteinander kombinieren und mit Gräsern auflockern.

Astilbe × arendsii 'Brautschleier'

Prachtspiere, Astilbe
Saxifragaceae, Steinbrechgewächse

Blütezeit: Juli bis August.
Blüte: Schneeweiße, leicht überhängende Rispen aus winzigen Blütchen.
Früchte: unbedeutend.
Wuchs: Aufrecht, buschig, bildet Horste, Höhe etwa 80 cm.
Laub: Dunkelgrün, gefiedert und gezähnt; Austrieb rotbraun.
Weitere Arten/Sorten: **'Bergkristall'**: schneeweiße, lange, schmale Blütenrispen, Höhe etwa 1 m; blüht sehr spät, oft erst ab August; **'Diamant'**: schneeweiße, aufrechte Rispen, gut als Schnittblume; Höhe etwa 80 cm; **'Irrlicht'**: schlanke, gut gefüllte Rispen erscheinen Anfang Juli; Höhe nur etwa 50 cm; **'Weiße Gloria'**: rahmweiße, dichte Rispen, Höhe etwa 60 cm.
Tipp: Schneiden Sie die Blütenstände nach dem Verblühen nicht ab. Sie wirken sehr dekorativ im Winter.
Gartenwert: Dekorative Blütenstände für den Halbschatten. Winteraspekt. Als Schnittblumen – sie halten allerdings nicht lange.
Typ: naturnah, üppig, duftig.
Bester Standort: Nährstoffreicher, frischer bis feuchter Boden. Halbschatten. „Nasse Füße" mag sie allerdings gar nicht. Im Winter fühlt sie sich unter einer nicht zu dicken Laubschicht wohl.
Verwendung: In Gruppen zwischen Gehölzen, auch flächig. Vorsicht: zur Blütezeit kann das ein Zuviel sein.
Beste Wirkung: Weiße Astilben lockern und hellen eine Gestaltung mit Immergrünen, wie Rhododendron und Kamelien, durch ihre duftigen Blütenrispen auf. Unterschiedliche Sorten in unterschiedlichen Wuchshöhen wirken besonders dekorativ zusammen mit Gräsern, Farnen und anderen Stauden. Halbhohe Funkien im Vordergrund runden das Bild ab.

Astrantia major 'Alba'

Sterndolde
Apiaceae, Doldengewächse

Blütezeit: Juli bis August.
Blüte: Knopfartig, mit dominantem äußeren Blütenkranz.
Früchte: Kleine, unscheinbare Samen.
Wuchs: Buschig und horstbildend, Höhe etwa 60 cm.
Laub: Mittelgrüne, handförmige Blätter an drahtigen Stielen.
Weitere Arten/Sorten: *A.* ***maxima*** **'Alba'**, Kaukasus-Sterndolde: besonders große Blütenköpfe – 3 cm Durchmesser – sind von schneeweißen Hochblättern umgeben; Höhe etwa 60 cm; Ausläufer bildend; *A.* ***minor***, Kleine Sterndolde: kleine Blütenköpfe – 1 cm Durchmesser – mit Hochblättern, die gelegentlich etwas rötlich sind; die Gesamtwirkung ist jedoch weiß. Höhe etwa 20 bis 30 cm. Nicht ganz leicht zu kultivieren, verträgt zum Beispiel keinen Kalk.
Tipp: Die getrockneten Blütenköpfe sehen sehr dekorativ in Sträußen und, durch die festen Stiele, auch in Gestecken aus.
Gartenwert: Hübsche Blüten, auch in verwelktem Zustand noch dekorativ; pflegeleicht und, am richtigen Standort, anspruchslos.
Typ: naturnah, filigran, zurückhaltend.
Bester Standort: Humusreiche, durchlässige, feuchte Erde; an hellen, lichten Standorten.
Verwendung: In lockeren Tuffs unter laubabwerfenden Bäumen und Sträuchern, auch dort, wo üppige Blütenpflanzen keine Chance haben. In feuchten Rabatten.
Beste Wirkung: Sterndolden sind bescheidene, liebenswerte Stauden, die in einer naturnahen Pflanzung am natürlichsten wirken. Zusammen mit *Tiarella cordifolia*, der Schaumblüte, und der Taubnessel ergibt sich entlang eines Bachlaufs ein lockeres, harmonisches Bild.

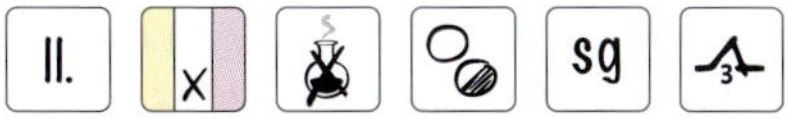

Bergenia 'Bressingham White'

Bergenie, Löffelblatt
Saxifragaceae, Steinbrechgewächse

Blütezeit: April bis Mai.
Blüte: Rein weiße, trichter- bis glockenförmige Blüten in rispenähnlichen Trugdolden.
Früchte: Unbedeutende Kapseln.
Wuchs: Horstbildend; dicker, sich ausbreitender Wurzelstock; Höhe 30 bis 40 cm, Breite bis 50 cm.
Laub: Löffelförmig, dick, ledrig, mit tiefen Adern; in lockeren Rosetten; dunkelgrün.
Weitere Arten/Sorten: **'Frau Holle'**: neue Sorte mit dekorativen weißen Blüten an roten Stielen mit smaragdgrünem Laub. In milden Wintern immergrün; **'Silberlicht'**: weiß mit rosafarbenen Kelchblättern, im Verblühen eine rosa Wirkung; Höhe 30 bis 40 cm; *B.* ***cordifolia*** **'Alba'**: kleine, hängende, rein weiße Blüten; derbe, fleischige Blätter. In frischem Boden unverwüstlich. Inzwischen schwer zu bekommen. Blüte schon ab März.
Tipp: Keine Blautöne zusammen mit Bergenien.
Gartenwert: In der Gesamterscheinung eine sehr dekorative Pflanze. Hübsche Blüten im Frühling. Winteraspekt durch rosettenförmiges Laub, für winterliche Sträuße geeignet.
Typ: stattlich.
Bester Standort: Sehr anspruchslos. Bevorzugt aber frischen Boden und volle Sonne.
Verwendung: Unentbehrlich als Bodendecker, besonders am Gehölzrand und im Regenschatten von Gebäuden. Sehr gut einzeln oder in kleinen Tuffs für Stellen, die im Sommer sehr trocken sind. Für Steingärten.
Beste Wirkung: Bergenien mit ihrem großen, dicken Laub und den relativ kompakten Blütenständen können recht massig wirken. Stauden mit sehr filigranem Laub, wie Lerchensporn lockern die Gestaltung auf. Auch Glockenblumen wie *Campanula carpatica* 'Weiße Clips' tragen zur Harmonie bei.

Campanula carpatica ‘Weiße Clips’

Glockenblume, Karpaten-Glockenblume
Campanulaceae, Glockenblumengewächse

Blütezeit: Juni bis August.
Blüte: Strahlend weiße, offene Blütenschalen, einzeln an unverzweigten Stängeln.
Früchte: Kapseln mit winzigen Samen.
Wuchs: Lockere Polster, etwa 15 bis 25 cm.
Laub: Rundliche, gekerbte, leuchtend grüne Blätter.
Weitere Arten/Sorten: Siehe Tabelle Seite 180.
Tipp: ‘Weiße Clips’ und ‘Schneekrone’ kann man aussamen lassen; die Sämlinge sind meistens auch weiß.
Gartenwert: Viele Arten und Sorten mit unterschiedlichen Blütenformen und Wuchshöhen. Für viele Gartensituationen im Sommer. Eine Bereicherung für jeden Garten.
Typ: duftig.
Bester Standort: Sonne oder lichter Halbschatten im Steingarten; durchlässiger Boden.
Verwendung: Niedrige Arten für den Steingarten, für Mauern, Töpfe und Blumenkästen (leider oft als Einjährige verwendet). Für den Vordergrund einer Rabatte. Die höheren Arten gehören in den Hintergrund. Sie eignen sich für den naturbelassenen Garten, zwischen Sträuchern und als Schnittblumen.
Beste Wirkung: Weiße Glockenblumen leuchten wunderschön vor einem dunklen Hintergrund und kommen dort am besten zur Geltung. Auch die niedrigen Arten wirken zwischen Immergrünen und zwischen dunkellaubigen Stauden, wie Sorten von Purpurglöckchen – *Heuchera* oder Steinbrech – *Saxifraga* am schönsten. In einer Hangbepflanzung mit Steinen ergibt sich ein natürliches Bild. Sehr schön auch zusammen mit blauen Sorten.

Convallaria majalis ☠

Maiglöckchen
Convallariaceae, Maiglöckchengewächse

Blütezeit: Mai.
Blüte: Schneeweiße, wachsartige Blütenglocken, angeordnet zu einer einseitigen Traube. Charakteristischer, betörender Duft.
Früchte: Rote, erbsengroße, kugelige Beeren im Sommer. Giftig! Vorsicht bei Kindern!
Wuchs: Aufrecht; durch Rhizome dichte Teppiche bildend; Höhe etwa 20 cm.
Laub: Mittel- bis dunkelgrün, glattrandig, zugespitzt, parallel nervig.
Weitere Arten/Sorten: **'Albostriata'** (Syn. 'Variegata'): Blätter mit cremefarbenen, dünnen Längsstreifen; **'Fortin's Giant'**: wird in allem größer: Blüten, Blätter und Wuchs; selbst der Duft ist noch „größer"; **'Plena'**, (Syn. 'Flore Pleno'): gefüllte Blüten, nicht so intensiv duftend; nur etwas für Sammler.
Tipp: Haben sich Maiglöckchen erst einmal etabliert, können sie schnell zur Last werden. Vor dem Einpflanzen in Plastiktöpfe setzen.
Gartenwert: Entzückende, weiße Blütenglöckchen mit unvergleichlichem Duft.
Typ: naturnah, nostalgisch, grazil.
Bester Standort: Humoser, lockerer, feuchter Boden. Sonne oder Halbschatten; selbst Schatten wird vertragen, die Blüte ist dann allerdings spärlicher.
Verwendung: Als Bodendecker, als Unterpflanzung für lichtes Gehölz und für Sträuße. Will man es großflächig ansiedeln, nimmt man dafür einjährige Pflanzkeime.
Beste Wirkung: Nicht umsonst heißt das Maiglöckchen im Englischen „Lilly of the Valley". Es wirkt am besten, wo es sich naturgemäß ausbreiten darf: im lichten Schatten von Bäumen und größeren Stauden. Der Waldmeister, *Galium odoratum* passt sehr gut dazu, kann gut mit dem Ausbreitungsdrang der Maiglöckchen leben und kaschiert deren einziehendes Laub.

Cornus canadensis

Hartriegel, Kanadischer Hartriegel
Cornaceae, Hartriegelgewächse

Blütezeit: Mai bis Juni.
Blüte: Kleine, grünliche Blüten umgeben von vier verhältnismäßig großen rein weißen Hochblättern.
Früchte: Leuchtend rote Steinfrüchte.
Wuchs: Kriechend, bodendeckend, halbverholzter Wurzelstock; etwa 15 cm hoch.
Laub: Hellgrün; quirlständig; Blätter eiförmig elliptisch; nehmen im Herbst einen Purpurton an.
Weitere Arten/Sorten: *C.* ***suecica***, Schwedischer Hartriegel: hat schmalere, weiße Hochblätter und schmalere, nach innen gedrehte Blätter. Alte Art, die im Handel kaum zu bekommen ist. Immerhin hat Theodor Storm ihm ein Gedicht gewidmet.
Tipp: Lässt sich im Frühling leicht durch Teilung vermehren. Man setzt den Trieb mit seinen Ausläufern erst in 8 bis 10 cm Töpfe.
Gartenwert: Hübsche, frische Gesamterscheinung mit den rein weißen Hochblättern. Sehr pflegeleicht, wenn er sich erst eingewöhnt hat.
Typ: ausgefallen.
Bester Standort: Halbschatten; feuchter, leicht saurer Boden.
Verwendung: Ein Hartriegel für die kleinsten Gärten! Als etwas Besonderes in Rabatten mit Moorbeetcharakter. Bodendecker für kleine Flächen. Für Tröge und Blumenkästen zwischen Azaleen und Erika.
Beste Wirkung: Diese Staude sieht einem „echten" Hartriegel (siehe S. 15) in Blüten und Laub verblüffend ähnlich (ist ja auch ein echter Hartriegel). Als Bodendecker zwischen Kamelien und Rhododendren bringt er mit seinem hellgrünen Laub Frische und Leichtigkeit in die sonst dunkelgrüne Gestaltung. Elfenblume – *Epimedium*, Etagen-Primel – *Primula japonica* und Schaumblüte – *Tiarella* sind ebenbürtige Partner.

I.+II. | X | sg

Corydalis ochroleuca (Syn. Pseudofumaria alba subsp. alba)

Lerchensporn
Fumariaceae, Erdrauchgewächse

Blütezeit: Mai bis November.

Blüte: Dichte Ähren aus cremeweißen, gelbgefleckten, röhrenförmigen, gespornten Blüten.

Früchte: Feine Samen; werden von Ameisen verbreitet.

Wuchs: Locker, horstbildend mit fleischigen Faserwurzeln; Höhe und Breite etwa 20 bis 30 cm.

Laub: Filigranes, hellgrünes, zartes, farnähnliches Laub. Immergrün, selbst bei Frost unverändert schön.

Weitere Arten/Sorten: Keine.

Tipp: Einmal Lerchensporn, immer Lerchensporn – so fleißig samt er sich aus. Lassen Sie ihn gewähren, er weiß von allein, wo er hinpasst. Wird er Ihnen zu viel, lässt er sich leicht entfernen.

Gartenwert: Das ganze Jahr über attraktiv durch das zarte, immergrüne Laub; lange Blütezeit.

Typ: duftig, filigran.

Bester Standort: Sonne oder Halbschatten, lockerer Boden, nicht wählerisch.

Verwendung: Zur Unterpflanzung von Sträuchern, als „Lückenfüller" bei spät austreibenden Stauden oder früh verblühten Zwiebelgewächsen wie Narzissen oder Tulpen, um deren vergilbendes Laub zu kaschieren. Für den Steingarten, für Mauer- und Fugenritzen aller Art.

Beste Wirkung: Unglaublich, wo überall sich der Lerchensporn aussät. Er ist wesentlich kreativer, als ich es gewesen wäre. Mauerritzen und Spalten jeder Art oder eine dunkle Natursteinmauer, aus der überall dieses zarte, anmutige Pflänzchen herausquillt, sind ein Traum. Ein schöner Lichtblick zusammen mit weißen Glockenblumen für schattige Teile im Garten.

Crambe cordifolia

Meerkohl, Riesenschleierkraut
Brassicaceae, Kreuzblütler

Blütezeit: Juni bis Anfang Juli.
Blüte: Wolken aus winzigen, weißen Blüten in verzweigten Trugdolden; würzig balsamischer Duft, ähnlich dem des Goldlacks.
Früchte: Ovale Samen in Schoten.
Wuchs: Horstbildend; tief wurzelnd; locker; Höhe 2 m; eine Pflanze füllt leicht einen Quadratmeter aus.
Laub: Dunkelgrün, groß, gelappt und kraus; bis 30 cm Durchmesser.
Weitere Arten/Sorten: *C.* ***maritima***, Küsten-Meerkohl: bleibt deutlich niedriger, 60 bis 70 cm hoch; blaugrüne, ovale Blätter; dicke Stängel mit dichten Rispen weißer Blütchen
Tipp: Die jungen Blätter von *C. maritima* lassen sich im Frühjahr als Gemüse verwenden.
Gartenwert: Stattliches Laub, duftige und duftende weiße Blütenwolken, sehr attraktiv für Insekten
Typ: duftig, naturnah.

Bester Standort: Jeder durchlässige Boden, *bei C. maritima* auch Sandboden; sonnige, offene Lage, aber windgeschützt.
Verwendung: Als Hintergrund in einer größeren Rabatte, in naturbelassenen Gärten, auch als „Höhepunkt" im Gemüsegarten; immer nur als Solitär.
Beste Wirkung: Das Riesenschleierkraut ist sehr dominant und sollte auf jeden Fall allein wirken. Begleitpflanzen bleiben idealerweise in ihrer Wirkung zurück. Sehr gut passen Pflanzen mit ganz anderer Struktur: Funkien, *Hosta* mit ihrem niedrigen Wuchs und ihren großen Blättern, sowie Gräser in unterschiedlicher Höhe. Einen besonderen Blickfang erreicht man, wenn man eine 3er-Gruppe eines dunkelblauen Rittersporns, z. B. 'Sommernachtstraum' oder 'Tempelgong' davorpflanzt.

Delphinium 'Casa Blanca' (Belladonna-Gruppe) ☠

Rittersporn
Ranunculaceae, Hahnenfußgewächse

Blütezeit: Juni bis Juli; nach Rückschnitt Nachblüte im September, Oktober.
Blüte: Rein weiße Blüten in locker verzweigten Rispen.
Früchte: Balgfrüchte mit schwarzen Samen
Wuchs: Aufrecht; locker; horstbildend; etwa 1,20 m hoch.
Laub: Hellgrün, tief eingeschnitten.
Weitere Arten/Sorten: Belladonna-Gruppe: **'Moerheimii'**: weiß mit gelblichem Auge, 1,20 m hoch; **Elatum-Gruppe**: dichte, unverzweigte, aufrechte Ähren: **'Schneespur'**: weiß mit grünlichen Spitzen, weißes Auge, 1,40 m hoch; **'Ulrike zur Linden'**: rein weiß, halbgefüllt, 1,60 m hoch; **Pacific-Gruppe**: kurzlebig, meist ein- oder zweijährig gezogen: **'Dwarf White'**: rein weiße Zwergform mit kompakten Rispen und gefüllten Blüten, 80 cm hoch; **'Galahad'**: rein weiße, locker gefüllte Einzelblüten, sehr schöne Sorte, 1,80 m hoch; **'Parcifal'** und **'Weißer Herkules'**: beide weiße Blüten mit schwarzem Auge
Tipp: Weiß blühende Rittersporne sind Raritäten. Das Suchen lohnt sich. Am leichtesten sind noch die Pacific-Hybriden zu bekommen.
Gartenwert: Große, imposante Blütenstände; schöne Nachblüte im Herbst.
Typ: prächtig.
Bester Standort: Sonne; nährstoffreicher Boden, windgeschützt; hohe Sorten stützen.
Verwendung: In Gruppen in Rabatten, zwischen Gehölzen, anderen Stauden oder Einjährigen.
Beste Wirkung: Weißer Rittersporn ist nicht so spektakulär wie blauer. Er wirkt zurückhaltender und eleganter, und harmoniert mit rosa oder gelben Tönen. Mit Rosen, Pfingstrosen und Iris, zusammen mit Schleierkraut, vielleicht noch vor dunklen Koniferen, ergibt sich ein eindrucksvolles Bild.

II. | X | sg

Dianthus plumarius 'Albus'

Nelke, Feder-Nelke
Caryophyllaceae, Nelkengewächse

Blütezeit: Mai bis Juli.
Blüte: Rein weiß; fedrig geschlitzte Blütenblätter auf verzweigtem, festen Stängel. Süßer Gewürznelkenduft.
Früchte: Kelchförmige Kapseln.
Wuchs: Recht dichte Polster, Höhe 25 cm.
Laub: Blaugrün, schmal-lanzettlich.
Weitere Arten/Sorten: **'Maischnee'**, **'Albus Plenus'** und **'Diamant'**: besonders intensiv duftend, gefüllte Blüte; *D.* ***deltoides*** **'Albus'**, Heide-Nelke: kleine, weiße, einfache Blüten bilden lockere Kissen; Höhe bis 15 cm; *D.* **'Musgrave's Pink'**: einfache weiße Blüten mit apartem grünem Auge. Intensiver Gewürz-Nelkenduft, bis 30 cm hoch; *D.* **'White Ladies'**: verbesserte Form von 'Mrs Sinkins'; dicht gefüllte, weiße Blüte mit grünlicher Mitte und gefransten Blütenblättern. Nostalgischer Duft. Bis 30 cm hoch.

Tipp: Ständiges Entfernen verwelkter Blüten verlängert die Blütezeit und fördert einen kompakteren Wuchs.
Gartenwert: Viele duftende Blüten über eine lange Zeit.
Typ: nostalgisch.
Bester Standort: Sonne; gut durchlässiger, kalkhaltiger Boden; *D. plumarius* ist sehr genügsam und übersteht klaglos Trockenperioden. Aber warm möchten es alle haben.
Verwendung: Für Steingärten, Trockenmauern, Pflanzsteine und Wegränder. Höhere Hybriden für Rabatten und als Schnittblumen lange haltbar
Beste Wirkung: Auf jeden Fall in Steingärten! An Hanglagen können sie sich artgerecht ausbreiten. Zu ihnen passen Gräser, zum Beispiel *Festuca*, Schleierkraut, *Phlox*, der den nostalgischen Duft wiederholt, und alle Steingartenpflanzen, die genauso schön „altmodisch" wirken.

Dicentra spectabilis 'Alba' ☠

Tränendes Herz, Herzblume
Fumariaceae, Erdrauchgewächse

Blütezeit: Mai bis Juli.
Blüte: Rein weiße, herzförmige, nickende Blüten an elegant gebogenen Stielen.
Früchte: Keine.
Wuchs: Horstbildend, locker und grazil, überhängend, etwa 60 × 60 cm.
Laub: Dekorativ hellgrün, doppelt dreiteilig.
Weitere Arten/Sorten: *D.* ***cucullaria***: kleine Blüten mit gelbem Tupfer im April, Mai; dichter Wuchs mit farnähnlichem Laub; 15 bis 20 cm hoch; Laub zieht früh ein; *D.* ***eximia*** **'Alba'** (Syn. 'Snowdrift'): kleine, weiße Herzchen in Trauben; blüht mit Unterbrechungen von Mai bis September; sehr wuchsfreudig, 40 cm hoch; *D.* ***formosa alba***: kleine Herzen mit umgebogenen Spitzen; samt sich leicht aus; blaugrünes, farnähnliches Laub; 40 cm hoch; *D.* **'Angel Heart'**: eine neue Hybride mit rein weißen Herzen und herrlichem graugrünem Laub.
Tipp: Nach der Blüte wird das Laub schnell unansehnlich. Zum Kaschieren etwas davorpflanzen, etwa eine *Hosta*.
Gartenwert: Sehr anmutige Staude mit ihren weißen Herzen an den bogigen Stielen; schöner Austrieb und schönes Laub, wenn auch nur für kurze Zeit
Typ: anmutig, grazil, nostalgisch.
Bester Standort: Fruchtbarer, feuchter Boden im Halbschatten; geschützt. *D. cucullaria* braucht im Sommer Trockenheit.
Verwendung: Einzeln am Fuß von nicht zu dichten Sträuchern, in Frühlingsrabatten und als Schnittblume. Als Bodendecker.
Beste Wirkung: Mit seinen elegant geschwungenen Trieben voller weißer Herzen sollte das Tränende Herz während seiner Blüte im Blickpunkt stehen. Zwischen Farnen und immergrünen Sträuchern, wie Rhododendron oder *Sarcococca*, bringt es Licht und Lockerheit in die Gestaltung.

I.+II. | x | sg

Dictamnus albus var. **albus (Syn. 'Albiflorus')** ☠

Diptam, Brennender Busch

Rutaceae, Rautengewächse

Blütezeit: Juni bis Juli.

Blüte: Rein weiß in endständigen Trauben an aufrechten, festen Stielen. Einzelblüte aus fünf Kronblättern, vier ragen nach oben, eins nach unten, imposant aussehend. Feiner, zitronig-würziger Duft.

Früchte: 5-teilige Kapsel mit schwarzen Samen; die unreifen Samen enthalten duftende ätherische Öle.

Wuchs: Aufrechte, stattliche Horste mit starken, langen Pfahlwurzeln; will nicht verpflanzt werden, kann am selben Platz sehr alt werden (20 Jahre); Höhe 60 bis 90 cm.

Laub: Mittelgrün, unpaarig gefiedert, ledrig; enthält ätherische Öle, die an schwülen Sommerabenden nach Zitrone duften.

Weitere Arten/Sorten: Keine.

Tipp: Die gesamte Pflanze wird an heißen, windstillen Tagen in eine Duftwolke gehüllt. Man kann ein brennendes Streichholz an Blüten und Fruchtstände halten; wenn die Witterungsbedingungen stimmen, bildet sich kurz eine kleine Flamme und ein wunderbarer, etwas rauchiger Duft. Daher der Name „Brennender Busch".

Gartenwert: Sehr stattliche, außergewöhnliche Pflanze, in allen Teilen duftend; wunderschöner Blütenstand; sehr langlebig.

Typ: edel, außergewöhnlich, ausgefallen.

Bester Standort: Warm, sonnig, geschützt; in humosem, nährstoff- und kalkreichem Boden. Untergrund durchlässig und feucht.

Verwendung: Als Solitär oder kleine Gruppe (bis zu 3 Pflanzen) in ländlich oder mediterran gestalteten Rabatten.

Beste Wirkung: Rein weißer Diptam ist etwas Besonderes und sehr attraktiv. Zwischen Ziergräsern, Schwertlilien, Edeldisteln und Graslilien fühlt er sich wohl. In einer mediterranen Gestaltung ein „Bonbon".

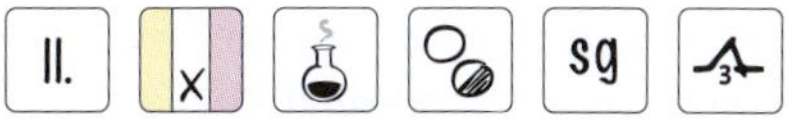

Echinacea purpurea (Syn. Rudbeckia purpurea) 'White Lustre'

Scheinsonnenhut
Asteraceae, Korbblütler

Blütezeit: Juli bis September.
Blüte: Cremeweiße, große Blüten, mit einer dominanten, zylindrisch gewölbten, orangebraunen Mitte, auf langen, straffen Stielen. Die Randblüten stehen anfangs fast waagrecht ab, später senken sie sich schirmförmig. Ein Eldorado für Bienen.
Früchte: Körbchen mit länglichen Samen.
Wuchs: Straff aufrecht, horstbildend, Höhe etwa 75 cm; runde, behaarte Stiele.
Laub: Dunkelgrün, scharf gesägt.
Weitere Arten/Sorten: **'Green Edge'**: eine neue Sorte mit anfangs grünlich überhauchten Randblüten; **'White Swan'** (Syn. 'Alba'): rein weiße Randblüten, Höhe etwa 50 cm, leichter Honigduft.
Tipp: Größere Exemplare müssen im Sommer reichlich gewässert werden. Im Winter dagegen haben sie es gern trocken.

Gartenwert: Große, weiße Blüten, kontrastreiche Wirkung durch die farbenfrohe Mitte. Braucht keine Stütze. Leicht zu kultivieren.
Typ: stattlich, naturnah.
Bester Standort: Frischer, durchlässiger Boden, nicht zu trocken. Volle Sonne, umso aufrechter ist der Wuchs.
Verwendung: Einzeln oder in kleinen Gruppen in sonnigen Rabatten, vor Gehölzen; in einer naturbelassenen Gestaltung, auch im Rasen; als Schnittblume.
Beste Wirkung: Wirkt sehr natürlich, wenn sie wie zufällig verstreut in einer sehr lockeren, sonnigen, ländlich anmutenden Gestaltung eingesetzt wird – wie wild wachsende Margeriten. – In einer Rabatte sieht diese Staude zusammen mit der violettfarbenen Indianernessel – *Monarda* 'Violet Queen' oder 'Prärienacht' und dem Großen Wiesenknopf – *Sanguisorba officinalis* mit seinen dunkel rotbraunen Ähren sehr nobel aus.

Epimedium × youngianum 'Niveum'

Elfenblume

Berberidaceae, Berberitzengewächse

Blütezeit: April bis Mai.

Blüte: Glitzerndweiße, zierliche, akeleiähnliche Blüten in lockeren Rispen erscheinen vor oder mit dem Blattaustrieb; dunkelrot getönte Stängel.

Früchte: Keine.

Wuchs: Buschig und kompakt, mit zunehmendem Alter flächig; etwa 20 bis 30 mal 20 cm.

Laub: Herzförmig; im Austrieb bronzegetönt, wird im Spätfrühling hellgrün.

Weitere Arten/Sorten: *E. grandiflorum* **'Nanum'**: rein weiße Blütchen, zierliches Laub, nur etwa 7 cm hoch; **'White Queen'**: rein weiße, orchideenartige Blüten; groß, ∅ etwa 4 bis 5 cm.

Tipp: Schneiden Sie im Vorfrühling das abgestorbene, unschön aussehende Laub ab. Umso mehr Freude werden Sie an dem Neuaustrieb haben.

Gartenwert: Grazile Blüten, sehr schönes Laub bis in den Winter hinein; pflegeleicht, wenn sie sich einmal etabliert hat; langlebig.

Typ: grazil, filigran.

Bester Standort: Fruchtbarer, gut durchlässiger Boden; Halbschatten; geschützt vor kalten, austrocknenden Winden; Südlage meiden.

Verwendung: Als duftiger Bodendecker zwischen Gehölzen oder unter Bäumen; als Einfassung von halbschattigen Beeten; in Steingärten, besonders *E. grandiflorum* 'Nanum'.

Beste Wirkung: Die Elfenblume macht im lichten Schatten ihrem Namen alle Ehre. Im Einklang mit Primeln, mit Lungenkraut – *Pulmonaria*, dem vergissmeinnichtähnlichen Gedenkemein – *Omphalodes*, Schaumblüte – *Tiarella*, Salomonssiegel – Polygonatum, Prachtspieren – *Astilbe*, Funkien – *Hosta* und Farnen ergibt sich fast das ganze Jahr über ein reizendes Bild.

Galium odoratum

Waldmeister
Rubiaceae, Rötegewächse

Blütezeit: Ende April bis Anfang Juni.
Blüte: Kleine, weiße Sternchen in endständigen Dolden; zart nach Honig duftend.
Früchte: Samen.
Wuchs: Durch Ausläufer große Matten bildend, die locker im Boden sitzen. Sie lassen sich leicht entfernen und werden nicht zur Plage. Höhe etwa 15 cm.
Laub: Smaragdgrüne, spitzlanzettliche Blätter reihen sich wie ein Quirl um den vierkantigen Stängel; typischer Waldmeisterduft, besonders intensiv in angewelktem Zustand und auf Waldboden.
Weitere Arten/Sorten: Keine.
Tipp: Bei der Herstellung einer Waldmeisterbowle ist es wichtig, das angewelkte Laub nur zu übergießen, nicht einzuweichen. Das für den Duft verantwortliche Cumarin kann sonst leichte Vergiftungserscheinungen, wie Kopfschmerzen, hervorrufen.

Gartenwert: Kleine, zierliche Blüten, hübsches Laub; sehr wuchsfreudig, aber nicht lästig.
Typ: nostalgisch, anmutig.
Bester Standort: Nährstoffreich, lehmig; Sonne oder Halbschatten.
Verwendung: Als Bodendecker am Gehölzrand, im naturbelassenen Garten und im Kräutergarten; für Maibowlen und als Sträußchen gegen Motten.
Beste Wirkung: Wunderschön sieht der Waldmeister aus, wenn er sich als duftender Teppich unter Laubbäumen ausbreiten kann. Im kleinen Garten braucht man dennoch nicht darauf zu verzichten. Warum nicht ein kuscheliges Eckchen mit ihm bepflanzen? Ein Begehen nimmt er nicht übel, sondern verströmt bei jedem Tritt seinen herrlich erfrischenden Duft.

Gaura lindheimeri 'Whirling Butterflies'

Prachtkerze
Onagraceae, Nachtkerzengewächse

Blütezeit: Juli bis Oktober.
Blüte: Weiß, trichterförmig, in langen Trauben; Knospen rötlich überhaucht, manchmal auch die äußeren Blütenblätter. Es sind immer nur einige Blüten geöffnet, die im Wind wie Schmetterlinge tanzen, daher der Name. Lange Blütezeit.
Früchte: Die Art samt sich fleißig aus, Sorten dagegen sind steril.
Wuchs: Aufrecht; viele Verästelungen; grazil; drahtige, rötliche Stängel; Höhe bis 75 cm.
Laub: Graugrün, schmal, am Rand gewellt.
Weitere Arten/Sorten: 'The Bride': rein weiße Blüten, Höhe bis 90 cm, Breite bis 60 cm, **'White Heron'**: rein weiße Blüten, dunkle Stängel; Höhe nur bis 60 cm. Neue Sorte!
Tipp: Wenn eine Rabatte zu steif und zu flächig wirkt, hier und da eine Prachtkerze dazwischen wirkt wie ein Wunder.

Gartenwert: Zierliche Blüten, lange Blütezeit, sehr graziler Wuchs.
Typ: grazil.
Bester Standort: Volle Sonne; nährstoffreicher, gut durchlässiger, feuchter Boden. Gut durchwurzelt verträgt sie auch Halbschatten und trockeneren Boden. Braucht in sehr kalten Gegenden Winterschutz.
Verwendung: In Gruppen oder auch einzeln in naturnahen Gestaltungen; als Lückenbüßer in Rabatten; als Verbindung zwischen anderen Stauden; als Schnittblumen, alle Knospen gehen in der Vase auf.
Beste Wirkung: Am besten kommt sie zur Geltung, wenn sie zwischen kleineren Sträuchern oder Stauden wächst. Erstens geben diese ihr etwas Halt, damit sie nicht zu sehr auseinanderfällt. Zweitens schwirren ihre Blüten wie Schmetterlinge über den kompakteren Begleitern, was eine sehr auflockernde und fröhliche Stimmung hervorruft.

Gentiana acaulis 'Alba'

Enzian, Keulen-Enzian, Kochs Enzian
Gentianaceae, Enziangewächse

Blütezeit: Mai bis August
Blüte: Weiß mit grünlichen Schlundstreifen; stängellos.
Früchte: Kapseln mit vielen Samen.
Wuchs: Mattenbildend, Höhe bis 10 cm.
Laub: Grundständige Blattrosetten, dunkelgrün, glänzend; halbimmergrün.
Weitere Arten/Sorten: *G.* ***asclepiadea*** **'Alba'**, Schwalbenwurz-Enzian: kleine, weiße Glocken; Ende Juli bis September; Höhe 60 bis 80 cm; überhängender Wuchs; schattiger Standort; bodentolerant; *G.* ***clusii*** **'Alba'**, Clusischer Enzian: weiß mit hellgelber Zeichnung; wirkt leicht gelblich; Blütezeit April bis Juni; Höhe bis 15 cm; kalkliebend, *G.* ***occidentalis*** **'Alba'**: rein weiße Kronzipfel, grüne Zeichnung; eine Rarität; Mai bis Juni; Höhe bis 10 cm; kalkliebend; *G.* ***sino-ornata*** **'Alba'**, Chinesischer Enzian: rein weiße, trompetenförmige Blüten; halbimmergrün; Blütezeit September bis Oktober; Höhe bis 8 cm; saurer Boden erforderlich; *G.* **'Weißer Traum'**: relativ neue weiße Sorte, mit gelbgrünen Streifen, blühwillig.
Tipp: Ungestört wachsen lassen. In trockenen Jahren regelmäßig übersprühen.
Gartenwert: Weiße Blüten bei einer Pflanze, die man eigentlich nur blau kennt; hübscher, niedriger Wuchs.
Typ: selten, edel.
Bester Standort: Kalkfreier, feuchter, aber durchlässiger Boden.
Verwendung: In kleinen Gruppen im Steingarten, im Moorbeet oder in flachen Schalen mit Steinen kombiniert. Auch zum Schnitt.
Beste Wirkung: In einem terrassenartig angelegten Hochbeet, zwischen Steinen und kleinen Immergrünen mit den gleichen Ansprüchen. Der Chinesische Enzian füllt die Blühlücke im Herbst in einem Moorbeet. Dazu passt gut der Schwalbenwurz-Enzian.

Geranium sanguineum 'Album'

Storchschnabel, Blut-Storchschnabel
Geraniaceae, Storchschnabelgewächse

Blütezeit: Juni bis August.
Blüte: Rein weiß, schalenförmig, einzeln; sehr blühfreudig.
Früchte: Schnabelartige Teilfrüchte.
Wuchs: Lockere Polster, 30 × 40 cm.
Laub: Dunkelgrün, 5-teilig tief eingeschnitten; gegenständig; von Gelb nach Rot verlaufende Herbstfärbung.
Weitere Arten/Sorten: *G. **clarkei*** **'Kashmir White'**: weiße Blüten mit zarten lilarosa Strichen; Gesamteindruck: leichtes Graurosa; Höhe 45 cm; *G. **dalmaticum*** **'Album'**: meist zwei Blüten pro Stielende; dichte, kriechende Blattpolster; wintergrün; Höhe 10 cm; *G. **phaeum*** **'Album'**: hübsche, rein weiße Blüten, blüht Ende Mai bis Ende Juni; Höhe 50 cm; fühlt sich im feuchten Schatten wohl; *G. **pratense*** fo. ***albiflorum***: weiße Blüten; lange Blütezeit bis in den Herbst hinein; Höhe 70 cm; ***G. renardii***: weiße Blüten mit lila Strichen, Gesamtwirkung zartlila; schönes, graugrünes, samtiges Laub; Höhe 25 cm.
Tipp: Alles Abgeblühte und die alten Blätter entfernen. Das regt die Bildung neuer Blüten und Blätter an.
Gartenwert: Kleine, duftige Blüten, schönes Laub; anspruchslos und langlebig.
Typ: duftig, naturnah.
Bester Standort: Gut durchlässiger, warmer, trockener Boden, sonnig; toleriert auch Halbschatten; sehr anpassungsfähig.
Verwendung: Ausgesprochen vielseitig; einzeln oder in Gruppen in naturnahen Gärten; als Bodendecker; für Grabbepflanzungen.
Beste Wirkung: Wirkt am natürlichsten, wenn er sich am Gehölzrand ausbreiten darf. Eingestreut zwischen Sträuchern ergibt sich ein lockeres Bild. Weißer Storchschnabel mit Rosen in unterschiedlichen Rosatönen ist eine harmonische Kombination.

Gypsophila paniculata

Gipskraut, Schleierkraut
Caryophyllaceae, Nelkengewächse

Blütezeit: Juni bis August.
Blüte: Kleine, mattweiße Blütchen in vielen sich verzweigenden Trugdolden; in ihrer Fülle haben die Blüten einen leichten, warmen Duft; ein Eldorado für Schmetterlinge.
Früchte: Unscheinbar.
Wuchs: Zur Blütezeit wie ein kugeliger Busch; 1 × 1 m
Laub: Lineal-lanzettlich, graugrün.
Weitere Arten/Sorten: **'Bristol Fairy'**: rein weiße, gefüllte, größere Blüten in größeren Rispen; wirkt wie eine duftige Wolke; Höhe etwa 1 m; nicht sehr langlebig; **'Bristol Fairy Perfect'** ('Perfecta'): noch größere Blüten; **'Schneeflocke'**: einfache bis gefüllte weiße Blüten, Höhe etwa 80 cm; *G.* ***repens*** **'Alba'**: relativ große, weiße Blüten im Mai und Juni, flache Polster von etwa 15 cm Höhe; kriechender Wuchs; für Steingärten, Trockenmauern und Einfassungen.
Tipp: Nach der Blüte zurückschneiden für einen eventuellen zweiten Flor. Ansonsten etwas davorpflanzen, denn das abgeblühte Schleierkraut ist keine Augenweide. Möchte nicht verpflanzt werden.
Gartenwert: Duftige Blütenwolken; anspruchslos, wächst auch in steiniger, trockener Erde.
Typ: duftig, naturnah.
Bester Standort: Tiefgründiger, leichter bis lehmiger trockener Boden in voller Sonne.
Verwendung: Einzeln im naturnahen Garten, um andere Blumen besser zur Geltung kommen zu lassen; für Blumensträuße; reizend in Verbindung mit bunten Duftwicken.
Beste Wirkung: Ideal für den Hintergrund und ein gutes Gegengewicht zu strengen Formen und grellen Farben. Wunderschön in Verbindung mit Alten Rosen. Die duftigen Blütenschleier dürfen sich ruhig über die nostalgischen Blüten der Rosen ziehen.

Helleborus niger ☠

Christrose, Nieswurz
Ranunculaceae, Hahnenfußgewächse

Blütezeit: Januar bis März.
Blüte: Groß, schalenförmig, etwas nickend; weiß, im Verblühen leicht rosa; einzeln oder zu zweien an kräftigen Stielen.
Früchte: Balgfrüchte mit braunen Samen.
Wuchs: Lockere Büsche, 20 × 40 cm; wächst langsam und lebt lange.
Laub: Dunkelgrün, gezähnt; wintergrün.
Weitere Arten/Sorten: 'Potter's Wheel': große, weiße Blüten mit grünem Auge; **'Praecox'**: etwas kleinere Blüten, blüht aber von Oktober bis Dezember; *H.* × ***hybridus*** **'Mrs Betty Ranicar'**: schneeweiße, gefüllte Blüten; zartgelbe Staubgefäße, 40 cm; *H.* × ***nigercors*** **'Alabaster'**: eine interessante Hybride, cremeweiße Blüten mit einem Hauch Grün; wuchsfreudig; ***H. orientalis***: große, nickende Blütenschalen, cremeweiß, gelegentlich mit grünen Punkten; Laub sehr groß, dicht, immergrün; 45 × 45 cm; **'David's Star'**: wunderschöne Rarität, große, cremeweiße, gefüllte Blüten.
Tipp: Eine Christrose in der Nähe des Hauseingangs soll die bösen Geister fernhalten – zumindest sieht es sehr hübsch aus.
Gartenwert: Blüten vom Spätherbst bis zum zeitigen Frühjahr; schönes Laub.
Typ: edel.
Bester Standort: Durchlässiger, lehm- und kalkhaltiger Boden. Zur Blütezeit braucht sie Feuchtigkeit. Nicht durch Hacken stören.
Verwendung: In Gruppen unter Bäumen, vereinzelt in Rabatten, einzeln in Töpfen und als Schnittblume.
Beste Wirkung: Mit ihr lassen sich besonders schöne Gartenbilder zaubern. Zusammen mit *Sarcococca* und *Daphne*, die für den winterlichen Duft sorgen, mit Schneeglöckchen und anderen Zwiebelblühern braucht kein Garten im Winter trostlos auszusehen.

Hepatica nobilis 'Alba'

Leberblümchen

Ranunculaceae, Hahnenfußgewächse

Blütezeit: März bis Mai.

Blüte: Weiße, flache, zierliche Schalen, ∅ etwa 2,5 cm, mit reizenden Staubgefäßen, erscheinen, bevor sich das Laub richtig ausgebildet hat.

Früchte: Balgfrüchte.

Wuchs: Buschig; wächst sehr langsam, Höhe etwa 10 cm, Breite etwa 15 cm; möchte nicht gestört werden.

Laub: Nierenförmig, dreilappig, mittelgrün; wintergrün.

Weitere Arten/Sorten: **'Schneeballschlacht'**: reichblühend; *H.* ***nobilis*** var. ***japonica*** **'Japans Alba Plena'**, Japanisches Leberblümchen: rein weiß, vollständig gefüllt; seltene Rarität, kostet ein Vermögen; *H.* ***transsylvanica*** **'Alba'**: schneeweiß; ∅ 4 cm, auch Laub und Wuchs sind etwas größer; **'Pure White'**: Albinoform; rein weiß; Laub und Stiele hellgrün.

Tipp: Weiße *Hepatica* sind Raritäten, besonders die gefüllten. Sie sind generell schwer erhältlich. Kaufen Sie es nur blühend, und nur, wenn es Ihnen den stolzen Preis wert ist. Die Vermehrung ist sehr schwierig.

Gartenwert: Entzückende kleine Blüten im zeitigen Frühling, interessantes Laub.

Typ: anmutig, grazil, selten.

Bester Standort: Tiefgründiger, humoser, feuchter Boden; Halbschatten; die gefüllten Formen sind nicht leicht zu kultivieren.

Verwendung: Einzeln oder in kleinen Gruppen in Steingärten oder am Gehölzrand.

Beste Wirkung: Solch ein Kleinod sollte einen besonderen Platz im Vorfrühlingsgarten bekommen – wo es nicht unter- und vor allem nicht verloren geht. Ein Hochbeet bietet sich an. Gehört immer in den Vordergrund. Am allerschönsten wirkt ein Teppich weißer Leberblümchen unter Bäumen. Nur – wer soll das bezahlen?

I. x Wg

Heuchera 'Schneewittchen'

Purpurregen, Purpurglöckchen
Saxifragaceae, Steinbrechgewächse

Blütezeit: Mai bis Juli.
Blüte: Weiße, kleine Glöckchen an rispenartig verzweigten Blütenständen auf langen, drahtigen Stielen; attraktiv für Bienen.
Früchte: Kleine Kapseln.
Wuchs: Buschig, dicker Stamm; 50 cm.
Laub: Nierenförmig bis rund, gezähnt, dunkelgrün mit helleren Marmorierungen.
Weitere Arten/Sorten: **'Cappuccino'**: kleine, weiße Blüten, dunkelgrünes Laub mit welligem Rand; **'Lace Ruffles'**: weiß, reichblühend, kleines Laub, silbrig panaschiert, anspruchslos, auch für sonnige Standorte; **'Silberregen'**: weiß, Höhe etwa 60 cm; **'Stormy Seas'**: weiß; große, dunkelgrüne, silbrig panaschierte Blätter; gedeiht auch im Schatten; optischer Aufheller für dunklere Bereiche; **'White Spires'**: weiße Blüten über lange Zeit; für Sonne und Halbschatten; *H. villosa* **'Autumn Bride'**: weiße Blüten vom September bis in den November hinein; auffallend große Blätter; Halbschatten.
Tipp: Nach Blüte trockene Stiele und abgestorbenes Laub entfernen. Sieht besser aus.
Gartenwert: Wunderschönes Laub bis weit in den Herbst hinein, grazile Blütenstände; sehr dankbar und vielseitig verwendbar; wuchert nicht.
Typ: zurückhaltend, grazil.
Bester Standort: Frischer, humoser Boden, tiefgründig, Halbschatten.
Verwendung: In Gruppen im Staudenbeet; großflächig als Bodendecker; für Einfassungen; gut für Blumensträuße.
Beste Wirkung: Wirkt sehr gut in Verbindung mit großlaubigen *Hosta* und Farnen. Dazu passen die Elfenblume – *Epimedium* und für die Zeit davor Narzissen, zum Beispiel 'Jenny' oder die grünweiße Tulpe 'Spring Green'. Eine Kombination voller Harmonie und Kontraste in grün und weiß.

Hosta 'Royal Standard' (Syn. 'Wayside Perfection')

Hosta, Funkie, Herzblattlilie
Hostaceae, Funkiengewächse

Blütezeit: August bis September.
Blüte: Rein weiße, trompetenförmige Blüten mit himmlischem Lilienduft an etwa 60 cm langen Stielen.
Früchte: Unbedeutende Samenkapseln.
Wuchs: Horstbildend, starkwüchsig, 60 cm × 1 m, später Austrieb (etwa Mai).
Laub: Leuchtend hellgrün, breitoval.
Weitere Arten/Sorten: **'Fire and Ice'**: Blätter mit rein weißer Mitte und grünem Rand; zartlila Blüten an weißem Stiel; hier ist das Laub die Hauptsache; *H.* ***plantaginea*** **'Aphrodite'**: weiße, gefüllte, duftende Blüten; große, herzförmige Blätter; *H.* ***sieboldii*** **'Snowflakes'**: Zwergform mit weißen Blüten; sehr zierlich; *H.* ***sieboldiana*** **'Thunderbolt'**: weiße Blüten im Juni/Juli; gelbgrünes Blatt mit blaugrünem Rand; sehr wuchsfreudig; *H.* ***sieboldii*** **'Weihenstephan'**: rein weiße Blüten; ***H. gracillima*** **'Yakushima-mizu'**: weiß blühende Zwergform mit reizvollen Samenständen.
Tipp: Bei dekorativer weißer Blattzeichnung ist die Blütenfarbe Nebensache
Gartenwert: Wird in erster Linie wegen ihres Laubes gepflanzt. Interessanter Blattaustrieb.
Typ: stattlich, prächtig.
Bester Standort: Humoser, frischer, nährstoffreicher Boden; Halbschatten oder Schatten; 'Royal Standard' und 'Aphrodite' dagegen wollen einen sonnigen, warmen Platz. Je gelber das Laub, desto mehr Sonne; je blauer, desto mehr Schatten.
Verwendung: Einzeln in Rabatten, unter Gehölzen, für Einfassungen; gut in Töpfen.
Beste Wirkung: Die Wirkung von *Hosta* ist sehr abhängig von der Laubfarbe. Auffallend panaschiertes Laub hat eine gute Fernwirkung und hellt dunkle Ecken auf. Bei 'Royal Standard' ist die Blüte die Hauptsache.

Iris pumila 'The Bride'

Iris, Schwertlilie, Zwerg-Schwertlilie, Zwerg-Bartiris
Iridaceae, Schwertliliengewächse

Blütezeit: Mai.
Blüte: Cremeweiß, etwas zipfelig, mit leicht grünlichem „Bart" auf nur 1 bis 2 cm hohem Stängel. Leichter, süßer Duft.
Früchte: Ledrige Kapseln.
Wuchs: Aufrecht mit festem Stängel; die Rhizome liegen zum Teil sichtbar auf der Erde; Höhe 10 bis 15 cm.
Laub: Blaugrün, steif, schwertförmig.
Weitere Arten/Sorten: Es gibt ein reiches Angebot an Arten und Sorten, das sich ständig ändert und sehr verwirrend ist. Hier nur eine kleine, aber vielseitige Auswahl an Sorten, die ich besonders lohnend finde. Siehe Seite 181.
Tipp: Obwohl die Vielfalt bei den weißen nicht so riesig ist, ist sie noch verwirrend genug. Wenn Sie nicht gerade Sammler sind, sollten Sie zugreifen, egal wie die Sorte heißt.

Gartenwert: Elegante, weiße Blüten, oft mit interessanter Zeichnung; Struktur gebendes Laub; für unterschiedliche Standorte und Gartensituationen.
Typ: elegant, stattlich, nostalgisch.
Bester Standort: Durchlässiger, nährstoffreicher Boden; volle Sonne.
Verwendung: In Gruppen als Einfassungen, in Rabatten, Stein- und Dachgärten; hohe Sorten als Schnittblumen; einzelne Sorten in Sumpfzonen und am Wasserrand.
Beste Wirkung: Weiße, niedrige Bartiris kommen gut in einem sonnigen Steingarten zur Geltung, am schönsten in Hanglage. Eine etwas kühle Wirkung erreicht man, wenn man in den Tönen weiß, blau und grau (Steine) bleibt. Folgende weiße Begleitpflanzen, niedrige Nelken – *Dianthus deltoides*, Mohn – *Papaver alpinum*, Polster-Phlox – *Phlox douglasii* und Päonien blühen gleichzeitig oder später.

Lamium maculatum 'White Nancy'

Taubnessel, Gefleckte Taubnessel
Lamiaceae, Lippenblütler

Blütezeit: Mai bis August, Hauptblüte im Juni.
Blüte: Rein weiße Lippenblüten in Scheinquirlen.
Früchte: Feine Samen.
Wuchs: Bodendeckend, sich locker ausbreitend; Höhe 15 cm, Breite 1 m.
Laub: Silbrige weiße Blätter, fein mit Grün durchzogen, wie mit dem Pinsel gemalt; herzförmig, gekerbt und sehr dünn.
Weitere Arten/Sorten: **'Album'**: weiße Blüten, dunkelgrüne Blätter mit silbrig weißen Mittelstreifen; **'Beedham's White'**: weiße Blüten, interessantes goldfarbenes Laub mit silbrigen Streifen; braucht gute Standortbedingungen; in milden Gegenden und milden Wintern immergrün.
Tipp: Achten Sie beim Kauf in erster Linie auf das Laub. Die Blüten verschwinden optisch fast über dem Laub.

Gartenwert: In erster Linie das Laub, danach erst die Blüten; problemlos; anmutiger Wuchs.
Typ: anmutig, naturnah.
Bester Standort: Lockerer, frischer, nicht zu trockener Boden. Verträgt im Winter keine übermäßige Nässe. Halbschatten oder Schatten.
Verwendung: Als Bodendecker; einzeln in Rabatten; oder in Gruppen unter Sträuchern.
Beste Wirkung: Die Sorte 'White Nancy' hat eine gute Fernwirkung und ist eine ideale Verbindung zwischen anderen Stauden und Sträuchern. Sie hellt dunkle Stellen auf, lässt sie sogar leuchten. Ausgesprochen anmutig wirkt sie, wenn sie über ein Mäuerchen wachsen kann. Farne, *Hosta*, Elfenblumen – *Epimedium* und Schaumblüte – *Tiarella* sind ideale Partner, Licht und Leben in dunkle Ecken zu zaubern. Es sieht auf jeden Fall besser aus, wenn die Begleitpflanzen einfarbiges Laub haben.

Liriope spicata 'Alba'

Liriope

Convallariaceae, Maiglöckchengewächse

Blütezeit: August bis September.
Blüte: Dichte Trauben mit rundlich-glockenförmigen, rein weißen Blüten an dunkelviolettfarbenen Stielen.
Früchte: Schwarz, beerenartig.
Wuchs: Lockere Horste, halbimmergrün, Ausläufer treibend, Bodendecker; Höhe 20 cm, Breite 40 cm.
Laub: Dunkelgrün, glänzend, breit grasartig, überhängend.
Weitere Arten/Sorten: *L. muscari* **'Monroe White'**: rein weiße, große Blüten in dichten Trauben an grünen Stielen; glänzendes, überhängendes Laub; bevorzugt Schatten und Wärme; Höhe 30 cm; immergrün; braucht Winterschutz.
Tipp: Das junge Laub ist eine Delikatesse für Schnecken; scharfe und raue Steinchen um die Pflanze gelegt verleiden ihnen das Vergnügen.
Gartenwert: Rein weißer Blütenstand, schönes Laub, kleiner, eleganter Herbstblüher; die „Traubenhyazinthe" für den Herbst
Typ: elegant, selten.
Bester Standort: Humusreicher, durchlässiger, saurer Boden; Halbschatten bis Schatten; Schutz vor kalten Winden.
Verwendung: Einzeln oder in kleinen Gruppen zu immergrünen Gehölzen in einer Moorbeetbepflanzung; als Bodendecker für schattige Bereiche; für kleine Sträuße.
Beste Wirkung: Diese entzückende Pflanze ist der ideale Begleiter für Moorbeetpflanzen. Zu Füßen von Kamelien, Rhododendren, Azaleen und Lavendelheide – *Pieris* etc. kommt sie so richtig zur Geltung. Sie bringt ein wenig Farbe in die sonst um die Herbstzeit nur grüne Gestaltung, wenn man einmal von den herbstblühenden Kamelien absieht. Sehr schön passt der Steinbrech – *Saxifraga cortusifolia* dazu.

Lysimachia clethroides

Entenschnabel-Weiderich, -Felberich
Primulaceae, Schlüsselblumengewächse

Blütezeit: Juli bis September.
Blüte: Weiß, schalenförmig, ∅ 10 cm, in dichten, endständigen, 30 cm langen, spitz zulaufenden Blütenständen. Knospen gebogen. Richten sich mit dem Öffnen der Blüten von unten nach oben auf und bekommen ihr skurriles „Entenschnabel-Aussehen".
Früchte: Samenkapseln.
Wuchs: Starkwüchsig, horstbildend, wuchernd; Höhe und Breite 1 m.
Laub: Mittelgrün, zugespitzt; nach warmen Sommern rötliche Herbstfärbung.
Weitere Arten/Sorten: *L.* ***ephemerum***: weiße Blüten in schlanken, aufrechten, 40 cm langen Ähren; graugrünes Laub; Höhe 90 cm, Breite 30 cm; Blütezeit Juni, Juli; *L.* ***lichiangensis***: kleine, weiße Blüten in langen Ähren, gefolgt von dekorativen roten Samenkapseln; schmales, graues Laub; Höhe bis 75 cm; Blütezeit Juli, August.
Tipp: Immer etwas davorpflanzen, da die Stiele kahl werden und unschön aussehen.
Gartenwert: Weiße, lange Blütenstände, lang und ausdauernd blühend, gesundes Laub.
Typ: ausgefallen, naturnah.
Bester Standort: Frischer bis feuchter, nährstoffreicher Boden, der im Sommer nicht austrocknet; Sonne, auch Halbschatten.
Verwendung: Einzeln oder in Gruppen in naturbelassenen Gärten und Gehölzpflanzungen; im Hintergrund von Rabatten; in sumpfigem Gelände.
Beste Wirkung: *Lysimachia* wirkt am besten aus der Ferne. An einem Wasser – am schönsten noch an einem fließenden Wasser – wo sie sich ungestört ausbreiten kann. Zusammen mit Buschwindröschen – *Anemone nemorosa* und *A. sylvestris*, Farnen und, bei genügend Platz, der Herkulesstaude – *Gunnera* ergibt sich ein eindrucksvolles Bild.

II. | X | sg | 3

Malva moschata 'Alba'

Moschusmalve
Malvaceae, Malvengewächse

Blütezeit: Juni bis September.
Blüte: Rein weiß, schalenförmig, ∅ 4 bis 6 cm; die Blüten erscheinen unten am Stängel einzeln, an der Spitze in 3 bis 5-blütigen Büscheln.
Früchte: Ein kleiner Ring von etwa 15 einzelnen, lackschwarzen Samen, umgeben von einer papierartigen Hülle.
Wuchs: Buschig, verzweigt; an der Basis verholzend; bodendeckend; bis 60 cm hoch; überwintert mit einer Blattrosette.
Laub: Saftig, mittelgrün, gelappt, relativ groß; Stängel sind fein behaart; zerreibt man die Blätter zwischen den Fingern, ergeben sie einen feinen Moschusduft.
Weitere Arten/Sorten: *M. sylvestris* **'Alba'**, Wilde Malve: rein weiße Blüten bis zum Frost, reichliche Selbstaussaat; bis 80 cm hoch
Tipp: Malven säen sich fleißig aus, und man sollte sie lassen. Ihre Kurzlebigkeit fällt dadurch gar nicht auf. Wo man den Neuzugang nicht mag, lässt er sich leicht entfernen.
Gartenwert: Anmutige, dekorative Blüten über eine lange Zeit; überwinternde Blattrosette; anspruchslos.
Typ: duftig, anmutig, nostalgisch.
Bester Standort: Leicht feuchter, gut durchlässiger Boden, am liebsten sonnig und warm; Halbschatten wird aber auch vertragen.
Verwendung: In Gruppen in Beeten und Rabatten, am Gehölzrand und in naturbelassenen Gärten.
Beste Wirkung: Malven können in jede etwas steife Gestaltung Leichtigkeit und Duftigkeit bringen. Sehr schön im nostalgischen Ambiente eines Bauerngartens zusammen mit Rosen, besonders mit Alten Rosen. Der feine Moschusduft des Laubes passt wunderbar zu dem der Alten Rosen.

Monarda didyma 'Alba'

Monarde, Indianernessel, Riesenbalsam
Lamiaceae, Lippenblütler

Blütezeit: Juli bis Anfang September.
Blüte: Weiße, quirlständige Blütenköpfe, die wie kleine Kronleuchter aussehen; auch noch dekorativ, wenn die einzelnen Lippenblüten abgefallen sind; die übriggebliebene gelbgrüne Kugel ist eine Zierde für sich.
Früchte: Kleine Nüsschen.
Wuchs: Horstbildend, aufrecht und buschig; Höhe 90 cm.
Laub: Mattgrün, Unterseite leicht behaart, oval zugespitzt; das junge Laub duftet intensiv nach Bergamotte, aber auch die Stiele haben diesen orangenähnlichen Duft.
Weitere Arten/Sorten: *M.* **'Schneewittchen'** (Syn. 'Snow Witch'): weiß, etwas kleinere Blüten, 1 m hoch.
Tipp: Blüten und Blätter sind eine raffinierte Zutat für Sommersalate – dekorativ und lecker zugleich.
Gartenwert: Interessante Blüten, duftendes Laub, lange Blütezeit, attraktiv für Bienen, sehr dankbar.
Typ: naturnah, stattlich.
Bester Standort: Durchlässiger, feuchter Boden in Sonne oder Halbschatten. Im Sommer niemals austrocknen lassen – Mehltau wäre das Ergebnis.
Verwendung: In Gruppen in größeren Rabatten, die naturnah gestaltet sind; im Kräutergarten, als Schnittblumen; getrocknete Blätter für Potpourris.
Beste Wirkung: Die Monarde ist die ideale Staude für die Mitte. Eine einfache Gestaltung ganz in Weiß wäre z.B. als Hintergrund eine *Choisya ternata*, die sowohl im Blütenduft als auch im Laubduft mit der Monarde harmoniert, und eine *Hosta*, zum Beispiel *H. sieboldii* 'Snow Flakes'. Eine *Gypsophila* bringt Leichtigkeit in die Gruppe, und niedrigere Frühlingsblüher, wie Schneeglöckchen, oder Narzissen kaschieren kahle Stellen.

Omphalodes verna 'Alba'

Gedenkemein
Boraginaceae, Rauhblattgewächse

Blütezeit: April bis Mai.
Blüte: Weiße, kleine Blüten, ähnlich denen von Vergissmeinnicht; in lockeren Trauben oder einzeln
Früchte: Kleine Nüßchen.
Wuchs: Flach, niederliegend, bildet zahlreiche, bis zu 40 cm lange Ausläufer; wächst ringsum alles zu; Höhe 15 cm.
Laub: Matt hellgrün, oval zugespitzt; bis 7 cm lang.
Weitere Arten/Sorten: *O.* ***cappadocica*** **'Alba'**, Kaukasus-Gedenkemein: weiße, kleine Blüten in lockeren Trauben; kissenförmige Horste; bildet keine Ausläufer; Höhe 25 cm, Breite 40 cm; fühlt sich an warmen, sonnigen Plätzen wohl.
Tipp: Lassen Sie *Omphalodes* nicht zu sehr wuchern. Die Ausläufer sind leicht zu entfernen. Vielleicht sind Freunde dankbare Abnehmer.

Gartenwert: Anmutige, kleine Blüten; halbimmergrün; bodendeckend; anspruchslos.
Typ: zurückhaltend, anmutig.
Bester Standort: Frischer, humusreicher, durchlässiger Boden; Halbschatten bis Schatten.
Verwendung: Einzeln zwischen Gehölzen; vor Mauern; am Teich- oder Uferrand; als anmutiger Bodendecker; auch unter einem Balkon oder überhaupt einer Stelle, an der sonst wenig wächst
Beste Wirkung: In einem Frühlingsgarten zwischen Sträuchern, zusammen mit Elfenblumen – *Epimedium*, Tränendem Herz – *Dicentra*, Akelei – *Aquilegia*, Schaumblüte – *Tiarella* und Christrosen – *Helleborus* sorgt *Omphalodes* für eine hübsche Bodenbedeckung.

Paeonia lactiflora 'Festiva Maxima'

Päonie, Stauden-Päonie, Edel-Päonie, Chinesische Pfingstrose
Paeoniaceae, Pfingstrosengewächse

Blütezeit: Mai, Juni.
Blüte: Rein weiß mit karmesinroten Spritzern an den inneren Blütenblättern; sehr groß, locker gefüllt; angenehmer, leichter Duft.
Früchte: Balgfrüchte mit großen, schwarzen Samenkörnern; oft steril.
Wuchs: Dichter, horstbildender hübscher Busch, gerade, ungewöhnlich kräftige Stiele; Höhe 90 cm.
Laub: Dunkelgrün, groß und üppig.
Weitere Arten/Sorten: s. Tabelle Seite 181.
Tipp: Die dicken Blüten haben, besonders bei Regen, ein beträchtliches Gewicht. Es ist nötig, sie zu stützen. Eine natürliche, wenig störende Möglichkeit ist, Haselnuss- oder Weidenruten bogenförmig über den noch jungen Austrieb zu stecken. Die schnell größer werdenden Päonien wachsen hindurch.

Gartenwert: Effektvolle Blüten; schönes, kräftiges Laub; eleganter Wuchs.
Typ: üppig, nostalgisch.
Bester Standort: Lehmig-humoser, gut durchlässiger Boden; Sonne; werden immer schöner, wenn man sie nicht stört oder einengt. Deshalb gleich den endgültigen Standort aussuchen.
Verwendung: Einzeln oder in kleinen Gruppen in Rabatten; am sonnigen Gehölzrand; vor einer sonnigen Mauer; im Bauerngarten; als Schnittblumen.
Beste Wirkung: In einer Rabatte mit anderen Stauden, Sträuchern und Gräsern, am besten, wenn eine Farbe in den weißen Blüten aufgegriffen wird – z. B. der karmesinrote Spritzer in 'Festiva Maxima' oder das Gelb der Staubgefäße in 'Stardust'. Zu rein weißen Blüten ist blaues *Delphinium*, wie 'Azurriese' ein idealer Begleiter, Rosen in weiß oder zartrosa, *Dicentra* oder *Deutzia gracilis*.

Papaver alpinum 'White' ('Album')

Mohn, Bursers Alpenmohn
Papaveraceae, Mohngewächse

Blütezeit: Juni bis August.
Blüte: Rein weiße, flache, seidig zarte Blütenschalen aus vier Kronblättern mit einem hübschen Büschel gelber Staubgefäße, einzeln endständig über dem Laub; nickend.
Früchte: Kleine, hübsche Kapseln mit vielen winzigen schwarzen Samen.
Wuchs: Lockere kleine Horste; fragile Erscheinung; Höhe 15 bis 20 cm, Breite 10 cm.
Laub: Graugrün, fein geteilt; behaart.
Weitere Arten/Sorten: *P.* ***orientale*** **'Perry's White'**, Türkischer Mohn; *P.* ***somniferum*** **'White Cloud'**, Schlaf-Mohn: alle Teile sind giftig; wird einjährig gezogen.
Tipp: Meist nur in bunten Samenmischungen erhältlich. In Töpfe säen und nur die weißen pflanzen.
Gartenwert: Anmutige, weiße Blüten, hübsches Laub und zierlicher Wuchs.
Typ: grazil, nostalgisch, selten.

Bester Standort: Warmer, steiniger Boden, gut durchlässig, volle Sonne; *P. orientale* verträgt auch etwas schwereren Boden.
Verwendung: In Gruppen im Steingarten, am Rand von steinigen Wegen und zwischen Platten; im Vordergrund einer sonnigen Rabatte; *P. orientale* in Blumenwiesen und Staudenrabatten.
Beste Wirkung: Ein hübscher alter Steintrog aus grauem, verwittertem Stein wäre ideal. Zusammen mit Steinen, einer Zwerg-Kiefer wie *Pinus leucodermis* 'Schmidtii' oder *P. mugo* 'Humpy', die auch im Winter Struktur gibt und niedrigen Stauden ist der Minigarten perfekt. Dafür eignen sich Gänsekresse – *Arabis procurrens*, Polster-Phlox – *P. subulata* 'Maischnee', Lerchensporn – *Corydalis*, Kapuzinerherzblume – *Diantra cucullaria* und *Lewisia* mit ihren trichterförmigen weißen Blüten und hübschen Blattrosetten, die sonst in nassen Wintern keine Chance hätte.

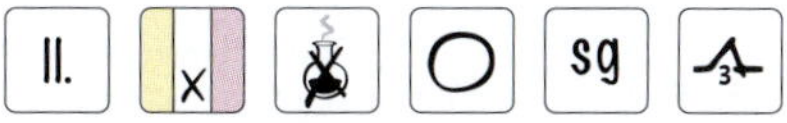

Pelargonium 'Olga Shipstone'

Pelargonie, „Geranie“, Duftgeranie
Geraniaceae, Storchschnabelgewächse

Blütezeit: Mai bis September.
Blüte: Rein weiße, schmale, lange haltbare Blütensternchen in lockeren Büscheln, sehr anmutig; hübsche, zierliche Knospen.
Früchte: Schnabelig, unbedeutend.
Wuchs: Locker, überhängend; 30 cm.
Laub: Mattgrün, tief eingeschnitten, an langen Stielen; deutlicher Duft nach frischen Äpfeln, wird schon bei der geringsten Berührung freigegeben.
Weitere Arten/Sorten: 'Atomic Snowflake': weiß panaschiertes Laub mit zitronigem Rosenduft; die rosafarbenen Blüten können entfernt werden; **'Joy Lucille'**: hellgrüne, samtige, tief eingeschnittene Blätter mit intensivem Pfefferminzduft; weiße Blütchen mit dunkellila Maserung; ausladender Wuchs, 50 cm × 1 m; **'Lilian Pottinger'**: zartgrüne, weiche Blätter mit würzigem Duft. Rein weiße Blütchen, duftig, 20 × 20 cm; *P.* ***odoratissimum***: hellgrüne, samtige, rundliche Blätter mit dem Duft reifer Äpfel; weiße Blütensternchen in Büscheln; *P.* ***tomentosum***: große, sehr weiche, samtige Blätter mit reinem Pfefferminzaroma; weiße Blütchen wie Schmetterlinge; ausladender Wuchs; bevorzugt Halbschatten.
Tipp: Getrocknete Blätter gut für Potpourris, frische Blätter verzieren Salate oder Eis.
Gartenwert: Dekoratives, duftendes Laub.
Typ: anmutig, zurückhaltend.
Bester Standort: Sommer: hell, sonnig, luftig; Winter: kühler Fensterplatz, trocken, frostfrei; lehmig-sandige Erde.
Verwendung: In Töpfen auf Terrassen, Balkonen, Innenhöfen; in sommerlichen Beeten und Rabatten; für Ampeln.
Beste Wirkung: In schlichten, edlen Terrakottatöpfen zu beiden Seiten eines Eingangs oder auf Treppenstufen; sieht nicht nur entzückend aus, duftend auch berauschend.

Penstemon scouleri 'Albus' (Syn. P. fruticosus subsp. scouleri fo. albus)

Bartfaden, Scoulers Bartfaden
Scrophulariaceae, Braunwurzgewächse

Blütezeit: Mai bis Juni.
Blüte: Rein weiß, trichterförmig und lang, in dichten Trauben.
Früchte: Kapselfrüchte.
Wuchs: Aufrechter Halbstrauch mit verholzender Basis, verhält sich in unserem Klimabereich meist wie eine Staude; 30 × 30 cm.
Laub: Leuchtend grün, glänzend, lanzettlich, gezähnt; nur in milden Gegenden immergrün, sonst laubabwerfend.
Weitere Arten/Sorten: *P.* ***digitalis*** **'Woodville White'**: weiße Blütenglocken in Rispen; halbimmergrüne Staude; Höhe 1 m × 45 cm; *P.* ***hirsutus*** fo. ***albiflorus***: weiße, behaarte, trichterförmige Röhren in dichten Trauben; Halbstrauch, kurzlebig; 60 × 40 cm; *P.* ***rupicola*** **'Albus'**: weiße, trichterförmige Blüten; flacher, kleiner Halbstrauch, der in milden Wintern sein Laub behält; 10 × 20 cm.
Tipp: Schneiden Sie nach der Blüte zurück, um die Wuchskraft zu fördern – es sei denn, Sie möchten Samen haben.
Gartenwert: Weiße Blütenglocken in üppigen, dichten Trauben; genügsame Pflanze für ärmere Böden.
Typ: naturnah, üppig, mediterran.
Bester Standort: Gut durchlässiger, steiniger Boden in voller Sonne.
Verwendung: Einzeln oder in kleinen Gruppen in Steingärten oder im Vordergrund einer Rabatte. Die hohen Arten und Sorten in sommerlichen Rabatten und als Schnittblumen.
Beste Wirkung: Die niedrigen Arten passen am besten in einen Steingarten. Sie eignen sich für Trockenmauern und wirken besonders hübsch in Verbindung mit Schleifenblume, Gänsekresse, Herbstknotenblume und Duftsteinrich; einjährig.

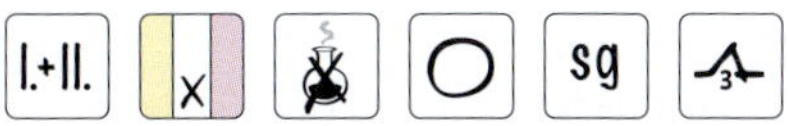

Phlox Paniculata-Hybride 'Pax'

Phlox, Flammenblume, Stauden-Phlox
Polemoniaceae, Sperrkrautgewächse

Blütezeit: Mitte August bis Ende September.
Blüte: Rein weiße Einzelblüten in endständigen dichten Kegeln; süß-pfeffriger Duft; sehr reich blühend.
Früchte: Kugelige Kapseln.
Wuchs: Aufrecht, sehr standfest, horstbildend, bis 80 cm hoch.
Laub: Mittelgrün, glattrandig, oval-lanzettlich.
Weitere Arten/Sorten: Siehe Seite 182.
Tipp: Die Blütezeit lässt sich verlängern: vor dem Erscheinen der Blütenknospen (ab Ende Juni) bei einigen Trieben die Spitze um 10 cm einkürzen. Sie bilden dann Seitentriebe, deren Blüte mehrere Wochen später einsetzt.
Gartenwert: Rein weiße Blüten in meist dichten, auffälligen Doldentrauben; herrlicher, nostalgischer Duft; vielseitig verwendbar.
Typ: nostalgisch, anmutig.
Bester Standort: Frischer, tiefgründiger Boden und Luftfeuchtigkeit; Sonne; *P. subulata* verträgt trockeneren Boden; *P. stolonifera* bevorzugt sauren Boden in halbschattiger bis schattiger Lage.
Verwendung: Einzeln oder in Gruppen in Beeten und Rabatten; in Reihen entlang von Zäunen; als Schnittblumen; *P. subulata* für Steingärten und Trockenmauern, für Randbepflanzung und als Bodendecker.
Beste Wirkung: Weißer Phlox mit seinen nostalgischen Blüten und dem typischen Duft wirkt besonders schön in einer locker gestalteten Rabatte zusammen mit Rosen, Astern, Lilien, Gräsern und besonders der Prachtkerze – *Gaura lindheimeri*, die sehr grazil das etwas Steife des Phlox auflockert. Die niedrigen Phlox-Arten bedecken in dieser Gestaltung den Boden und kaschieren gleichzeitig die von unten verkahlenden Triebe und sorgen für Blüten im Spätfrühling. Eine rein weiße Komposition.

II. | X | sg

Polygonatum odoratum

Salomonssiegel
Convallariaceae, Maiglöckchengewächse

Blütezeit: Mai bis Juni.
Blüte: Weiße, süß duftende Glocken mit grünen Spitzen, hängen einzeln oder zu zweien in den Blattachseln.
Früchte: Kugelige, schwarze Beeren.
Wuchs: Elegant überhängend, breitet sich dichtrasig aus; Höhe bis 50 cm.
Laub: Mittelgrün, oval bis lanzettlich.
Weitere Arten/Sorten: **'Flore Pleno'**: gefüllte, duftende Blüten, an Ballettröckchen erinnernd, mit deutlicheren grünen Markierungen; bis 40 cm hoch; eine Rarität; *P.* ***biflorum***: weiße Blütenglocken mit grünen Tupfen am Rand; einzeln oder zu 2 bis 4 in den Blattachseln; 1 m und höher; *P.* × ***hybridum*** **'Striatum'**: weiße, kleine Blütenglocken, blaugrüne Blätter, auffällig weiß gestreift, am Rand gekräuselt; Höhe 40 cm; *P.* ***verticillatum***: grünlich weiße Blütenglocken; rote Beeren; Höhe 70 cm; *P.* **'Weihenstephan'**: weiße Blütenglöckchen ab Mai; Höhe 90 cm.
Tipp: Der überhängende Wuchs macht mit den Reiz dieser Staude aus. Beziehen Sie ihn bewusst in die Gestaltung mit ein.
Gartenwert: Zierliche Blüten, schönes Laub, eleganter Wuchs.
Typ: zurückhaltend, elegant.
Bester Standort: Humusreicher, durchlässiger, leicht feuchter Boden; Halbschatten bis Schatten.
Verwendung: Einzeln in schattigen Rabatten; unter Bäumen in größeren Gärten und Parks; als Schnittblumen.
Beste Wirkung: Am besten wirkt es großflächig als lockerer Bodendecker zusammen mit Farnen unter hohen Bäumen. Aber auch im kleinen Garten sieht es, in schattigen Teilen einzeln verstreut zwischen Rhododendren und Kamelien, reizend aus. Dazu *Tiarella*, *Saxifraga* und niedrigere Astilben.

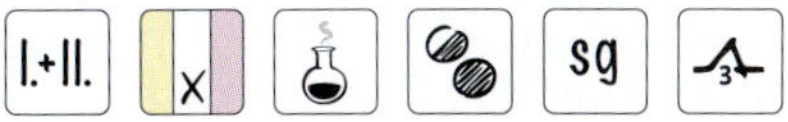

Primula vulgaris 'Alba Plena'

Primel

Primulaceae, Schlüsselblumengewächse

Blütezeit: März bis Mai.
Blüte: Rein weiße, dicht gefüllte Blüten an langen Stielen sitzen in dichten Büscheln wie in einem Nest von Blättern umgeben.
Früchte: Kugelige Kapseln.
Wuchs: Rosettenbildend, rund, kissenförmig, 10 cm hoch, in milden Wintern wintergrün.
Laub: Leuchtend grün, geädert.
Weitere Arten/Sorten: **'Dawn Ansell'**: rein weiße, gefüllte Blüten; Wuchs lockerer als bei 'Alba Plena'; *P.* ***allionii*** **'Snow-flake'**: rein weiße, große, flache Blüten, graugrünes Laub; bis 10 cm; Blütezeit ab Anfang März; *P.* ***chionantha***: milchweiße, nach Vanille duftende Blüten mit gelbem Auge, quirlständig an hohen, festen Stielen; laubabwerfend; 40 cm; *P.* ***denticulata*** **'Alba'**, Kugel-Primel: rein weiße Blüten auf 10 cm hohen Stielen bilden eine perfekte Kugel; 40 cm; *P.* ***japonica*** **'Postford White'**: weiße, kleine Blüten mit rötlichem Auge in Etagen; große, hellgrüne Blätter, ziehen im Winter ein; 40 cm; Blütezeit Mai bis Juli.
Tipp: Die hier genannten Primeln vertragen auch Sonne, wenn der Boden ständig feucht ist und niemals austrocknet.
Gartenwert: Rein weiße, entzückende Blüten; hübsches Laub; anmutige Erscheinung.
Typ: anmutig, selten.
Bester Standort: Frischer, humusreicher, feuchter Boden, Halbschatten.
Verwendung: Einzeln oder in kleinen Gruppen im Vordergrund von Rabatten; in Töpfen; *P. denticulata* und *P. japonica* auch am Wasserrand.
Beste Wirkung: 'Alba Plena' und 'Dawn Ansell' sind entzückende Raritäten, die am besten zwischen Traubenhyazinthen, Hundszahn, Anemonen, Schneeglöckchen und niedrigen Narzissen wie 'Jenny', zur Geltung kommen.

Pulmonaria 'Sissinghurst White'

Lungenkraut

Boraginaceae, Rauhblattgewächse

Blütezeit: Ende März bis Anfang Mai.
Blüte: Rein weiß, trichterförmig.
Früchte: Kleine Nüßchen.
Wuchs: Horstbildend; bildet kurze Ausläufer; wintergrün; 25 × 40 cm.
Laub: Dunkelgrün mit weißen, punktförmigen Flecken, elliptisch, 20 cm lang, rauh.
Weitere Arten/Sorten: 'White Wings': große, weiße Blüten in hängenden Büscheln; verbesserte Form von 'Sissinghurst White', nur noch selten im Handel; *P.* ***angustifolia*** **'Alba'**: weiße Blüten; Blätter lanzettlich, rauh behaart; dunkelgrün, nicht gefleckt; *P.* ***officinalis*** **'Alba'**, Echtes Lungenkraut: rein weiße Blüten, der Sorte 'Sissinghurst White' sehr ähnlich, aber deutlichere Blattflecken und frühere Blütezeit; *P.* ***rubra albocorollata***: rein weiße Blüten, leuchtend grünes, samtiges Laub ohne Zeichnung, Blüte ab März.
Tipp: Entfernen Sie das alte Laub nach der Blüte.
Gartenwert: Weiße Blüten, die sehr früh erscheinen; großes, attraktives Laub, meist hübsch gesprenkelt.
Typ: zurückhaltend, ausgefallen.
Bester Standort: Lockerer, frischer bis feuchter, nährstoffreicher Boden, Halbschatten oder Schatten.
Verwendung: Einzeln oder in Gruppen als Bodendecker für schattige Bereiche unter oder vor Gehölzen und als Randbepflanzung.
Beste Wirkung: Im Schatten einer kleinen Mauer wirkt das weißblühende Lungenkraut wie ein Lichtblick. Zusammen mit Schneeglöckchen – *Galanthus*, weißen Narzissen 'Jenny' oder 'Thalia', Elfenblumen – *Epimedium*, Storchschnabel – *Geranium phaeum* 'Album' und der Taubnessel – *Lamium* ergibt sich eine kleine Gestaltung, die sich sehen lassen kann.

Pulsatilla vulgaris 'Alba'

Küchenschelle, Kuhschelle
Ranunculaceae, Hahnenfußgewächse

Blütezeit: März bis Ende April.
Blüte: Rein weiße, große, offene Glocken ohne Kelch, etwas nickend, erscheinen vor dem Laub; pelzig behaart; einzeln stehend.
Früchte: Dekorative, fedrige Samenstände.
Wuchs: Buschig, horstbildend; Höhe und Breite bis 20 cm; bildet keine Ausläufer.
Laub: Hellgrün, fiedrig; junge Blättchen behaart; unter der Blüte stehen drei zerschlitzte Hochblätter in Form eines Quirls.
Weitere Arten/Sorten: 'Weißer Schwan': weiße, besonders schöne Blüten; *P.* ***halleri*** subsp. ***grandis*** **'Alba'**: rein weiße Blüten, gesamt größer als *P.* ***vulgaris***; besonders attraktive Art; Knospen silbrig behaart; sehr schöne Samenstände; Höhe bis 30 cm; *P.* ***vernalis***, Frühlings-Küchenschelle: geöffnet rein weiß, äußere Blütenblätter rosalila; sehr zierlich, Höhe bis 10 cm, rosettenbildend.
Tipp: Küchenschellen gehören zu den geschützten Pflanzen und dürfen am Naturstandort nicht gepflückt werden.
Gartenwert: Einzeln stehende, hübsche Blüte; dekoratives, farnähnliches Laub; reizende, fedrige Samenstände.
Typ: ausgefallen, selten.
Bester Standort: Trockener, kalkhaltiger, magerer, durchlässiger Boden in voller Sonne; Wurzeln mögen keine Störung.
Verwendung: Einzeln im Steingarten, in sonnigen Trockenbeeten und in Töpfen.
Beste Wirkung: Die weißblühende Küchenschelle ist eine Rarität und kommt am besten in einem terrassenförmig angelegten Steingarten zur Geltung zwischen größeren, porösen Tuffsteinen. Passende Begleiter sind Alpen-Mohn – *Papaver alpinum*, Graslilie – *Anthericum liliago*, Gänsekresse – *Arabis*, Hornkraut – *Cerastium* und als Höhepunkt der Brennende Busch – *Dictamnus albus*.

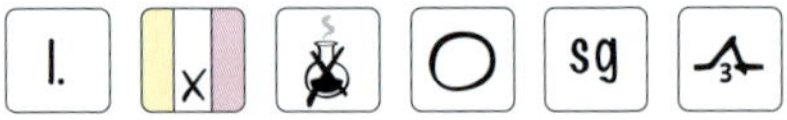

Sanguinaria canadensis 'Multiplex' (Syn. 'Plena') ☠

Blutwurz, Blutwurzel
Papaveraceae, Mohngewächse

Blütezeit: April bis Mai.
Blüte: Weiß, groß, dicht gefüllt; einzeln und lang gestielt; haltbarer als bei der Art; erscheinen kurz vor oder mit dem Laub.
Früchte: Keine.
Wuchs: Mit Rhizom; Wurzelstock, Blätter und Stängel mit orangerotem Milchsaft; 15 × 25 cm (nach einigen Jahren).
Laub: Rundlich, kurz-nierenförmig, handförmig gelappt, auf der Oberseite blaugrün, unten silbrig; ein bis zwei sehr dekorative Blätter pro Stiel.
Weitere Arten/Sorten: *S.* ***canadensis***: durchsichtig weiße Blütenblätter, zahlreiche gelbe Staubgefäße, ähnlich der Wald-Anemonen; lange Kapseln mit vielen Samen.
Tipp: Nicht zu verwechseln mit *Potentilla erecta*, deren deutscher Name ebenfalls „Blutwurz" lautet.

Gartenwert: Rein weiße, wunderschöne Blüten; dekoratives, großes Laub.
Typ: edel, außergewöhnlich, selten
Bester Standort: Humusreicher, tiefgründiger, lockerer Boden, am besten leicht sauer; Halbschatten oder Schatten.
Verwendung: Einzeln zwischen Gehölzen, am Gehölzrand, in dunkleren Teilen des Gartens zur Aufhellung vor Mauern.
Beste Wirkung: Die gefüllte Sorte ist etwas für Liebhaber und hat ihren Preis. Anfangs ist man schockiert, wenn man ein daumengroßes, braunes Wurzelstück auspackt. Aber man wird reichlich belohnt, von Jahr zu Jahr mehr. Am Rand einer Moorbeetpflanzung zwischen Rhododendren, Kamelien und kleinen Farnen (die sich entwickelt haben, wenn *Sanguinaria* einzieht) mit *Myosotis*, *Omphalodes*, *Polygonatum*, *Epimedium*, *Trillium* und *Cyclamen* finden sie einen gebührenden Platz.

Satureja spicigera (Syn. S. reptans)

Bohnenkraut
Lamiaceae, Lippenblütler

Blütezeit: August bis September.
Blüte: Weiße, kleine Lippenblüten in lockeren Quirlen. Attraktiv für Bienen.
Früchte: Kleine Nüßchen.
Wuchs: Kriechender, niedriger Halbstrauch mit überhängendem Wuchs; Höhe 10 cm, Breite 30 cm; halbimmergrün.
Laub: Mittelgrün; lanzettlich, bis 2 cm lang; herrlicher, aromatisch pfeffriger Duft.
Weitere Arten/Sorten: *S.* ***montana*** subsp. ***montana***, Winter-Bohnenkraut: auf weißblühende Form achten!; graugrünes Laub mit frisch-aromatischem Duft; aufrechter Wuchs; 30 × 20 cm; *S.* ***montana*** subsp. ***citriodora***, Zitronen-Winter-Bohnenkraut: weiße Blütchen und Laub mit weichem Zitronenaroma.
Tipp: *Satureja* ist nicht nur eine Bereicherung in der Küche. Der aromatisch-pfeffrige Duft kann auch ein Potpourri ergänzen.
Gartenwert: Aromatisches Laub; kriechender, überhängender Wuchs; weiße, kleine Blütchen; Zier- und Gewürzpflanze in einem.
Typ: mediterran, zurückhaltend.
Bester Standort: Warmer, trockener, nährstoffarmer Boden; Schutz vor Winternässe und Frost; volle Sonne.
Verwendung: Einzeln oder in kleinen Gruppen in Rabatten, im Steingarten, auf niedrigen Mauern, in Mauerspalten, im Kräutergarten; in Töpfen. Triebspitzen frisch oder getrocknet zum Würzen von Bohnen und mediterranen Gemüsegerichten.
Beste Wirkung: Das schönste ist der aromatische Duft des Laubes. Entsprechend sollte es eingesetzt werden: als Randbepflanzung sorgt es für einen lockeren Übergang zu den Wegen. Beim Vorbeistreifen versetzt es uns in eine Duftwolke. Das feine, nadelartige Laub ist ein Kontrast zu anderen Stauden.

Saxifraga cortusifolia var. fortunei (Syn. S. fortunei)

Steinbrech, Oktober-Steinbrech
Saxifragaceae, Steinbrechgewächse

Blütezeit: September bis Oktober.
Blüte: Weiße, winzige Blütchen, Kronblätter in rispigen Dolden wie fedrige Büschel.
Früchte: Kapseln mit winzigen Samen, selten
Wuchs: Horstbildend; in milden Wintern halbimmergrün; Höhe und Breite 30 cm; bildet keine Ausläufer, wächst langsam.
Laub: Mittelgrün; leicht bräunlich am Rand, rötlich auf der Unterseite; rundlich weich.
Weitere Arten/Sorten: **'Rubrifolia'**: burgunderrotes Laub; *S.* ***callosa***: sternförmige Blüten in überhängenden, langen Rispen; immergrün; Juni; *S.* ***cotyledon***: schalenförmige Blüten in dichten Ähren; immergrün; Juni; *S.* ***longifolia***: kleine Blütchen in großer Zahl in konischen, bis 60 cm langen Rispen; Juli; *S.* **'Tumbling Waters'**: bildet, im Gegensatz zu *S. longifolia*, Seitensprosse und ist ausdauernd
Tipp: Schützen Sie die Blüten vor frühen Frösten und das Laub vor späten.
Gartenwert: Weiße Blüten im Herbst; dekoratives Laub, auch ohne Blüten schön.
Typ: duftig, grazil.
Bester Standort: Frischer, feuchter Boden ohne Kalk; Halbschatten oder Schatten; abweichende Bedingungen sind angegeben.
Verwendung: Einzeln für Steingärten, Alpinum, in steil abfallenden Anlagen; *S. granulata* auch als Schnittblume; *S. longifolia* und *S. callosa* für Trockenmauerfugen und felsige Wände.
Beste Wirkung: Der Oktober-Steinbrech ist ein Kleinod selbst für den kleinsten Garten. Denn allzu viele spät blühende, niedrige Schattenstauden gibt es nicht. Unter niedrigen Gehölzen, z. B. *Magnolia stellata*, ist er ein Blickfang im Herbst, während Leberblümchen – *Hepatica* und Blutwurz – *Sanguinaria* das Thema im Frühjahr aufgreifen.

Scabiosa caucasica 'Miss Willmott'

Skabiose

Dipsacaceae, Kardengewächse

Blütezeit: Juli bis September.
Blüte: Cremeweiße, edel geformte Blüten mit nadelkissenartiger Mitte, besonders wenn die äußeren Blütenblätter abgefallen sind; lange, feste Stiele.
Früchte: Dekorativer, nadelkissenförmiger Fruchtstand.
Wuchs: Horstbildend, aufrecht, etwas sparrig; Höhe 80 cm, Breite 60 cm.
Laub: Graugrün, im unteren Teil der Pflanze lanzettlich, die Blätter an den Stängeln sind fiedrig geteilt.
Weitere Arten/Sorten: **'Alba'**: rein weiße, kleinere Blüten, sortenecht aus Samen, Höhe 80 cm, Blütezeit Juni bis Oktober; **'Bressingham White'**: weiße Blüten mit grünlicher Mitte, äußere Blütenblätter stark gekräuselt; *S.* **'Perfecta Alba'**: rein weiße, große Blüten mit gefransten Blütenblättern, Höhe 50 cm
Tipp: Wenn die verblühten Blumen ständig abgeschnitten werden, bilden sich bis zum Frost immer wieder neue Blüten.
Gartenwert: Weiße, dekorative Blüten, hübsche Fruchtstände; attraktiv für Bienen.
Typ: nostalgisch, grazil, zurückhaltend.
Bester Standort: Fruchtbarer, durchlässiger, nicht saurer Boden; Sonne.
Verwendung: In Gruppen oder einzeln in sommerlichen Rabatten, für naturbelassene Gärten, aber auch für kleinste Gärten und für Töpfe; gute Schnittblumen.
Beste Wirkung: Weiße Skabiosen wirken am besten in einer natürlich angelegten, sonnenbeschienenen Rabatte. Hier können sie mit ihren Sämlingen ungeahnte Effekte erzielen – zusammen mit der lavendelfarbenen Sorte 'Clive Greaves', mit Mohn – *Papaver*, Phlox und Indianernessel – *Monarda*. Das weiche Weiß der Skabiose hat keine Fernwirkung und harmoniert wunderbar mit müden Lilatönen.

II. | X | | sg

Tiarella cordifolia

Schaumblüte, Herzblättrige Schaumblüte, Wald-Schaumblüte
Saxifragaceae, Steinbrechgewächse

Blütezeit: Mai bis Juni.
Blüte: Weiße, kleine Sterne in aufrechten, lockeren Trauben über dem Laub.
Früchte: Kapseln.
Wuchs: Flach ausbreitend, mit Ausläufern; wintergrün; 10 bis 20 cm × 30 cm und mehr.
Laub: Leuchtend grün, leicht behaart, herzförmig, zierlich; im Herbst/Winter bronzerot.
Weitere Arten/Sorten: *T.* **'Moorgrün'**: Blätter bleiben grün; *T.* ***trifoliata***: weiße Blüten in hängenden Rispen; dreigeteilte Blätter; bis 50 cm; *T.* ***wherryi***: lang blühend, smaragdgrüne, schön gezeichnete Blätter; bildet keine Ausläufer; 20 cm; wächst langsam; verträgt etwas Trockenheit; × ***Heucherella alba*** **'Bridget Bloom'**: eine Kreuzung von Heuchera mit Tiarella; von Mai bis Oktober aufrechte Rispen weißer Blüten mit rosafarbenen Kelchen; 40 cm.
Tipp: Tiarella sieht auch sehr dekorativ als Übergang zu einem schattigen Rasen aus.
Gartenwert: Duftige Blütenfülle; schönes Laub auch im Herbst und Winter; fühlt sich selbst im tiefen Schatten wohl; kann große Flächen bedecken.
Typ: grazil, duftig.
Bester Standort: Das ganze Jahr über feucht, kühl, locker und humusreich; Halbschatten und Schatten.
Verwendung: Als Bodendecker unter Gehölzen, auch unter Immergrünen; im Vordergrund eines Waldgartens.
Beste Wirkung: *Tiarella* als Bodendecker für den schattigen Gehölzrand wirkt wie ein duftiger Teppich. Im Frühling können Tränendes Herz – *Dicentra*, Salomonssiegel – *Polygonatum* und Primeln Akzente setzen. Auch Narzissen und zierliche Wildtulpen blühen vor der Schaumblüte, die dann wiederum deren einziehendes Laub kaschiert.

I.+II. X Wg 3

Trillium grandiflorum

Dreiblatt, Trillium, Großes Dreiblatt
Trilliaceae, Dreiblattgewächse

Blütezeit: Mai bis Juni.
Blüte: Rein weiße, große Blüten aus drei sich an der Basis überlappenden Blütenblättern mit gewelltem Rand; im Verblühen leicht rosa; die Blüten stehen einzeln über den Blättern.
Früchte: Rotbraune Beeren.
Wuchs: Horstbildend, aufrecht, zieht nach der Blüte ein; Höhe 30 cm.
Laub: Dunkelgrün, groß; eiförmig zugespitzt.
Weitere Arten/Sorten: **'Flore Pleno'**: Blüten rein weiß, gefüllt, edel geformt, groß; wächst sehr langsam; große Rarität; **'Snowbunting'**: ist 'Flore Pleno' ähnlich, etwas lockerer gefüllt, gekräuselte Blütenblätter; *T.* ***chloropetalum*** **'Snow Queen'**: Blüten weiß, groß, leicht duftend; Blätter dunkelgrün, grau marmoriert; *T.* ***nivale***: Blüten weiß mit schmalen Kronblättern, hübsche grüngelbe Staubgefäße; Blütezeit März, April; 10 × 10 cm; *T.* ***ovatum***: Blüten rein weiß, süß duftend; im Verblühen rosa; 40 cm.
Tipp: Im Herbst lockere Laubschicht geben.
Gartenwert: Weiße, interessante Blüten für halbschattige und schattige Standorte.
Typ: edel, elegant.
Bester Standort: Frischer, feuchter, aber gut durchlässiger Waldboden, leicht sauer; Halbschatten und tiefer Schatten.
Verwendung: Einzeln oder in kleinen Gruppen zu Moorbeetpflanzen wie Rhododendren; auch für den Gehölzrand; *T. nivale* auch für Töpfe.
Beste Wirkung: *Trillium* ist eine Staude für Liebhaber, die das Besondere schätzen, und sie hat auch ihren Preis. Vereinzelt zwischen Rhododendron, Azaleen und Kamelien wirkt *Trillium* sehr elegant. Ist das Laub nach der Blüte im Sommer eingezogen, können Glockenblumen den Platz einnehmen.

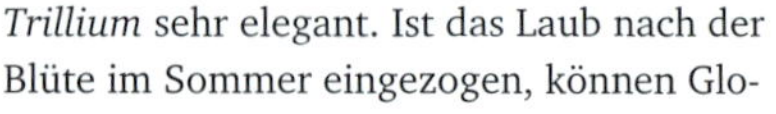

Viola sororia 'Albiflora'

Veilchen, Pfingst-Veilchen
Violaceae, Veilchengewächse

Blütezeit: April bis Juni.
Blüte: Fünf weiße Blütenblätter, eines davon zeigt an der Basis feine violette Striche; groß, bis ∅ 2 cm; leider ohne Duft.
Früchte: 3teilige, grüne Kapseln mit Samen.
Wuchs: Buschig, sich ausbreitend; Höhe bis 15 cm, Breite 2 cm; besonders wüchsig auf lehmigem Boden.
Laub: Mittelgrün, gesund und kräftig.
Weitere Arten/Sorten: *V.* ***cornuta*** **'Wisley White'**, Horn-Veilchen: rein weiß; Blütezeit Mai bis Oktober; bis 20 cm; *V.* ***odorata*** **'Alba'**, März- oder Duft-Veilchen: typische Veilchenblüten, rein weiß, klein, mit dem ebenso typischen Duft, nicht ganz so intensiv wie bei den lilafarbenen; Blütezeit März; 10 cm; **Parma-Veilchen**, gefüllte Formen von *V.* ***suavis***: Raritäten; nostalgische Blüten, wundervoller Duft; für einen warmen, geschützten Platz, im Winter im Gewächshaus; **'Swanleys White'** (Syn. 'Comte de Brazza'), **'Hopleys White'**; **'Comte de Chambord'** („Russisches Veilchen").
Tipp: Die Samen werden von Ameisen emsig zu Plätzen getragen, die uns nie eingefallen wären. Einfach entfernen, was nicht gefällt.
Gartenwert: Weiße, entzückende Blüten, teilweise mit Duft; nostalgische Gesamterscheinung; pflegeleicht.
Typ: nostalgisch, grazil, selten.
Bester Standort: Durchlässiger, frischer Boden; Sonne oder Halbschatten.
Verwendung: Einzeln oder in kleinen Gruppen im Vordergrund von Rabatten, in Hochbeeten, Töpfen; auch für kleine Sträuße.
Beste Wirkung: Weiße Veilchen sind etwas Besonderes und sollten auch so eingesetzt werden. Das Pfingst-Veilchen wirkt als Randbepflanzung durch seine lange Blütezeit. In einer sonnigen Ecke weckt das Duft-Veilchen schon im März Frühlingsgefühle.

Zwiebel und Knollen

Allium ramosum (Syn. A. odorum)

Zier-Lauch, Ästiger Lauch
Alliaceae, Lauchgewächse

Blütezeit: Juli bis September.
Blüte: Weiß, stern- bis glockenförmig in zahlreichen lockeren Dolden; süß duftend.
Früchte: Dekorative Samenstände.
Wuchs: Schnell; straff, 30 bis 50 cm hoch.
Laub: Leuchtend grün, schmal, bis 30 cm lang; grundständig; geschnitten typischer Lauchgeruch.
Weitere Arten/Sorten: *A.* ***carinatum*** subsp. ***pulchellum*** **'Album'**: weiße, hängende Blütenglocken in sprühenden, langen Dolden; 40 cm; Blütezeit Juni bis August; *A.* ***neapolitanum***: glitzernd weiße Blüten in lockerem, schirmartigem Blütenstand, süß duftend; 40 cm; Blütezeit März bis April; braucht Winterschutz; **'Mount Everest'**: weiße, große Kugeln mit grünen Stempeln; 1,20 m; Blütezeit Mai bis Juni; *A.* ***stipitatum*** **'Album'**: weiße, runde bis schirmförmige Dolden, leichter Duft; 1 m; Blütezeit Juni; *A.* ***triquetum***: Blüten weiß, glockenförmig mit einem feinen, grünen Streifen in lockeren Dolden; 30 cm; Blütezeit April bis Juni; zum Verwildern geeignet; feuchter, schattiger Standort.
Tipp: Die trockenen Blütenkugeln von 'Mount Everest' und *A. stipitatum* sind sehr dekorativ im winterlichen Garten.
Gartenwert: Weiße Blütendolden, oft große, dekorative Kugeln, weithin sichtbar; architektonische Wirkung; lange Blütezeit; attraktiv für Bienen.
Typ: stattlich, prächtig.
Bester Standort: Durchlässiger Boden; Sonne oder Halbschatten.
Verwendung: In Gruppen in Rabatten; als Schnittblumen/getrocknet in der Floristik.
Beste Wirkung: Dominante Blüten wirken am besten vor ruhigem Hintergrund: Immergrüne Hecke, dunkle Mauer oder der Himmel. Niedrige Polsterstauden als Bodendecker kaschieren einziehendes Laub.

Anemone blanda 'White Splendour'

Strahlen-Anemone
Ranunculaceae, Hahnenfußgewächse

Blütezeit: März bis April.
Blüte: Schneeweiße, große Sterne mit meist 16 schmalen, einzeln stehenden Blütenblättern, auf der Rückseite manchmal etwas lila; beste und am längsten blühende weiße Sorte.
Früchte: Einsamig, besetzt mit Flughaaren.
Wuchs: Horstbildend; wuchsfreudig; knolliger Wurzelstock; Höhe 10 cm, Breite 15 cm; zieht nach der Blüte ein.
Laub: Mattgrün, dreilappig, grob gezähnt; das einziehende Laub wirkt nicht häßlich.
Weitere Arten/Sorten: *A.* ***nemorosa***, Busch-Windröschen: weiße, kleine Blüten mit 6 bis 8 Blütenblättern; Blütezeit April bis Mai; ideal zum Verwildern; Halbschatten; **'Alba Plena'** (Syn. 'Multiplex'): rein weiß mit kleiner, reizend gefüllter Mitte; **'Vestal'**: mit größerer gefüllter Mitte, wie ein Pompon, umgeben von meist sechs breiteren Blütenblättern.
Tipp: Die dunkelbraunen Knollen einige Stunden in Wasser quellen lassen, dann 5–10 cm tief einpflanzen; das fördert die Wurzelbildung.
Gartenwert: Rein weiße, strahlende Blüten bilden im zeitigen Frühling ganze Teppiche.
Typ: naturnah, anmutig.
Bester Standort: Durchlässiger, neutraler Boden; Sonne oder Halbschatten; im Sommer gern trocken.
Verwendung: In Gruppen unter laubabwerfenden Bäumen und Sträuchern, in Frühlingsrabatten und Steingärten; zum Verwildern in naturbelassenen Gärten.
Beste Wirkung: Als lockerer Blütenteppich unter Gehölzen lassen diese Vorfrühlingsblüher den Winter schnell vergessen. Zwischen knorrigen Wurzeln wirken sie besonders natürlich und hellen ihr meist noch dunkles Umfeld auf. Sehr hübsch zusammen mit kleinblütigen Narzissen wie 'Jenny'.

Cardiocrinum giganteum

Riesenlilie

Liliaceae, Liliengewächse

Blütezeit: Ende Juni bis August.

Blüte: Außen rein weiß glänzend, innen mit einem Hauch von Rot; trompetenförmig bis 20 cm lang; an dem kerzengeraden Stiel stehen 10 bis 20, manchmal auch mehr Blüten fast waagerecht ab; betörend süßer Duft ohne aufdringlich zu sein.

Früchte: Dreiteilige, dekorative Kapseln.

Wuchs: Eine Rosette, die im Lauf der Jahre bis zur Blühreife immer dichter wird, einen Blütenstand entwickelt und nach der Samenreife abstirbt; vorher hat sie Brutzwiebeln gebildet, die nach 2–3 Jahren blühen; Pflanzen aus Samen blühen frühestens nach 5–7 Jahren; Höhe bis 3 m, Breite bis 1 m.

Laub: Klares Grün, glänzende Oberfläche, groß und herzförmig, sehr dekorativ, auch ohne Blüten.

Weitere Arten/Sorten: Keine.

Tipp: Wichtig: Beim Pflanzen im Herbst muss die Zwiebelspitze aus der Erde ragen.

Gartenwert: Attraktive Blüten mit betörendem Duft; schöne, glänzende Blattrosette; dekorative Samenkapseln verlängern die Show. Eine beeindruckende Pflanze.

Typ: stattlich, exotisch.

Bester Standort: Tiefgründiger, nährstoffreicher, feuchter, leicht saurer Boden; Halbschatten; keine Trockenheit, keine Hitze; geschützt, in rauhen Lagen Winterschutz.

Verwendung: In kleinen Gruppen als imposanter Blickfang in Solitärstellung, für Waldgärten, Lichtungen und schattige Gartenteile.

Beste Wirkung: Es gibt wenige Pflanzen mit solch spektakulärer Wirkung, schon gar keine Zwiebelpflanzen. In einem Rhododendron- und Kameliengarten hinter nicht allzu hohe Sträucher gepflanzt, damit die Blütenstände sichtbar sind, ist sie der Anziehungspunkt, zumal die dann nicht blühenden Sträucher eine Kulisse bieten.

Colchicum autumnale 'Alboplenum'

Herbst-Zeitlose

Colchicaceae, Zeitlosengewächse

Blütezeit: September bis Oktober.
Blüte: Rein weiß, gefüllt mit vielen schmalen Blütenblättern, 10 bis 15 cm lange Stiele, erscheint im Herbst ohne jegliches Laub.
Früchte: Braune Kapseln im Frühling, außer bei gefüllten Blüten.
Wuchs: Horstbildend, aufrechte Büschel.
Laub: Glänzend grün, riemenförmig; kräftig; bis 30 cm lang; treibt im Frühling aus und stirbt im Sommer ab.
Weitere Arten/Sorten: 'Album': rein weiße, trichterförmige Blüten, *C.* ***byzantinum*** **'Album'**: rein weiße, etwas kugelige Blüten an langen, weißen Stielen; keine Samen; *C.* ***speciosum*** **'Album'**: rein weiße, große, fast tulpenförmige Blüten; blüht etwas später.
Tipp: Gefüllt blühende weiße Sorten sind Raritäten mit entsprechendem Preis. Auch ein einzelnes Pflänzchen bereitet Freude.
Gartenwert: rein weiße, interessante Blüten für den Herbst.
Typ: elegant, ausgefallen.
Bester Standort: Gut durchlässiger, fruchtbarer, nicht zu trockener Boden; Sonne, auch Halbschatten; möchte nicht gestört werden.
Verwendung: In kleinen Gruppen im Hochbeet, im Vordergrund von Rabatten, in Schalen; einfach blühende Sorten auch zum Verwildern.
Beste Wirkung: Diese etwas fremdartig wirkenden Blüten sollte man im Herbst stets vor Augen haben, um sich täglich an ihnen zu erfreuen. Die im Frühling und Sommer entstehenden Lücken lassen sich mit niedrigen Stauden, die spät austreiben, kaschieren. Sie dürfen allerdings keine geschlossene Decke bilden, darunter würden sich diese Raritäten nicht wohl fühlen. Sehr schön zusammen mit *Pulmonaria*, wilden Erdbeeren oder dem runden, glänzenden Laub der Bergenien.

Crocus vernus 'Jeanne d'Arc'

Krokus, Garten-Krokus
Iridaceae, Schwertliliengewächse

Blütezeit: März bis April.
Blüte: Rein weiß mit gekräuselter, orangefarbener Narbe; 10 bis 12 cm; Blüten erscheinen vor oder mit dem Laub.
Früchte: Kapsel mit hellbraunen Samen.
Wuchs: Horstbildend, aufrecht.
Laub: Lange, schmale Blätter mit weißem Mittelstreifen.
Weitere Arten/Sorten: *C.* ***ochroleucus***: weiß, gelber Schlund, sehr zart, zierlich; bis 5 cm; Blütezeit Ende Oktober bis Ende Dezember; *C.* **'Snow Bunting'**: *C. chrysanthus*-Hybride: weiß, außen leichte graublaue Zeichnung, gelber Schlund; nach Honig duftend; Blütezeit Februar bis März; *C.* ***speciosus*** **'Albus'**: rein weiß, safrangelbe Staubgefäße, leicht duftend; Blütezeit September bis November; *C.* ***tommasinianus*** **'Albus'**: weiße, große, schlanke Blüten; zarte, grasartige Blätter; Blütezeit Februar bis März; gut zum Verwildern.
Tipp: Die herbstblühenden Krokusse brauchen im Sommer Trockenheit und Wärme zum Ausreifen der Knollen.
Gartenwert: strahlend weiße Blüten vom Herbst bis zum Frühling; sehr gute Fernwirkung; problemlos.
Typ: naturnah, üppig.
Bester Standort: Gut durchlässiger, nicht zu nahrhafter Boden; volle Sonne; keine Störung im Sommer.
Verwendung: In kleinen Tuffs oder größeren Gruppen in Rabatten, unter Bäumen, auch für Schalen, selbst im Zimmer. *C. tommasinianus* ist ideal zum Verwildern.
Beste Wirkung: Ein Frühlingsgarten ohne Krokusse? Undenkbar. Zusammen mit *Galanthus*, *Scilla*, frühen Wildtulpen und Zwerg-Iris ist die Winterstimmung endgültig verflogen. Die schönste Wirkung wird in unseren meist kleinen Gärten ein Traum bleiben: großflächig sich selbst überlassen.

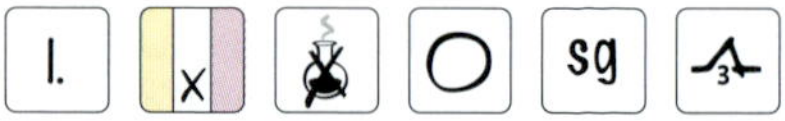

Cyclamen hederifolium 'Album'

Alpenveilchen, Herbst-Alpenveilchen, Neapolitanisches Alpenveilchen
Primulaceae, Schlüsselblumengewächse

Blütezeit: September bis Oktober.
Blüte: Rein weiß, nickend, mit fünf zurückgebogenen Kronblättern; erscheinen vor dem Laub.
Früchte: Runde, rotbraune Kapseln.
Wuchs: Runde, tellerförmige Knolle, kann sehr groß und alt werden; wurzelt von ihrer Oberfläche aus zu allen Seiten; Höhe 10 cm.
Laub: Tiefgrüne, efeuähnliche Blätter mit helleren oder silbrigen Zeichnungen; kein Blatt gleicht dem anderen; bis zum April dekorativ.
Weitere Arten/Sorten: *C. cilicium* **'Album'**: weiße, schlanke, elegante Blüten erscheinen kurz vor oder mit dem Laub; Höhe 5 cm; Blütezeit September bis Oktober; braucht einen geschützten Standort und Winterschutz; *C. coum* **'Album'**: weiße Blüten mit dunkelrotem Basisfleck; Blütezeit Februar bis April, oft auch früher; das nierenförmige, attraktiv silbrig gemusterte Laub ist relativ klein und erscheint im Herbst; Höhe 5 bis 8 cm.
Tipp: Die Knollen müssen mit den Wurzeln nach oben eingepflanzt werden (kein Witz!), die richtige Seite zeigt eine Einbuchtung.
Gartenwert: Weiße, anmutige Blüten; dekoratives Laub; mit der Zeit immer üppiger.
Typ: grazil, anmutig, naturnah.
Bester Standort: Boden durchlässig, sandiglehmig; keine Staunässe; Halbschatten.
Verwendung: In kleinen oder größeren Gruppen am Gehölzrand, unter Bäumen und Sträuchern, im Steingarten, im Hochbeet, am Fuß einer Nordwand; als Bodendecker.
Beste Wirkung: Blütenteppich unter laubabwerfenden Bäumen: einfach zauberhaft. Unglaubliche Wirkung erzielt man mit weißen herbst- und frühlingsblühenden Alpen-Veilchen und *Galanthus* unter *Betula utilis* mit ihrer besonders schönen weißen Rinde.

III. | X | Wg

Dahlia-Hybride 'Easter Sunday'

Dahlie

Asteraceae, Korbblütengewächse

Blütezeit: August bis Oktober.
Blüte: Weiß, Mitte gelb, halbgefüllt aus einer einfachen Reihe und einem kleinen inneren Kranz von Zungenblüten; „Halskrausen-Dahlie". Schlicht, und zugleich auffallend
Früchte: Köpfchen mit geflügelten Samen.
Wuchs: Straff aufrecht, 1 m × 60 cm; braucht eine Stütze, am besten vor dem Pflanzen der Knolle in den Boden schlagen.
Laub: Dunkelgrün, dreifach gefiedert, gegenständig.
Weitere Arten/Sorten: Es gibt eine Fülle von Formen in vielen Sorten: **'Anna Karina'**: 70 cm; **'Aspen'**: etwas eingerollte Blütenblätter, 50 cm; **'Classic Swanlake'**: päonienblütig, 1,20 m; **'Eisprinzessin'**: 1,40 m; **'Hamari Bride'**:1,20 m; **'Nina Chester'**: gefüllt, 1 m; **'Royal Ivory'**: weiß mit grüner Mitte, 1,50 m; **'White Star'**: röhrenförmig eingerollte, zugespitzte Blütenblätter, 90 cm.
Tipp: Nach der Blüte werden die Knollen aus der Erde genommen, frostfrei kühl und dunkel gelagert und neu gepflanzt, wenn kein Frost mehr droht.
Gartenwert: Weiße Blüten in vielen Formen, späte Blütezeit, schönes Laub.
Typ: stattlich, prächtig.
Bester Standort: Durchlässiger Boden ohne Staunässe; Sonne.
Verwendung: Als Gruppen in Beeten und Rabatten; als Schnittblumen und für Kränze.
Beste Wirkung: Im allgemeinen werden Dahlien in bunte Sommerbeete integriert. Eine völlig andere Wirkung erzielt man zusammen mit weiß blühenden Gladiolen, wie 'White City' oder 'White Ice', Kosmeen – *Cosmos bipinnatus* und dem Chinaschilf – *Miscanthus sinensis* 'Kleine Fontäne' mit seinen fedrigen Rispen. Eine ruhige Gestaltung mit unterschiedlichen Blüten- und Wuchsformen.

Erythronium 'White Beauty'

Hundszahn

Liliaceae, Liliengewächse

Blütezeit: April bis Mai

Blüte: Rein weiß mit gelber Mitte und mit zurückgebogenen Blütenblättern, leicht nickend an 20 bis 30 cm langem Stiel; die Blüten schweben anmutig über dem Laub.

Früchte: Hellbraune Kapseln.

Wuchs: Horstbildend; 20 bis 30 cm × 10 cm.

Laub: Hellgrün weiß marmoriert, grundständig, breit-oval.

Weitere Arten/Sorten: *E.* ***dens-canis*** **'Snow Flake'**: Europäischer Hundszahn; rein weiße, kleine, lilienartige Blüte mit gelber Mitte; grünrotbraun marmoriertes Laub; Blütezeit März bis April; **'Niveum'**: rein weiße Blüten; **'White Splendour'**: weiße Blüten mit bräunlicher Mitte; besonders frühe Blütezeit

Tipp: Während des Wachstums und der Blüte braucht der Hundszahn viel Feuchtigkeit. 'White Beauty' verträgt im Sommer mehr Trockenheit als andere Sorten.

Gartenwert: Weiße, hübsche Blüten; dekoratives Laub; anmutige Gesamterscheinung; einmal etabliert, sehr pflegeleicht.

Typ: grazil, anmutig.

Bester Standort: Durchlässiger, lockerer, frischer, humusreicher Boden, leicht sauer; Halbschatten.

Verwendung: In Tuffs im lichten Schatten laubabwerfender Bäume und Sträucher; im Steingarten; *E. dens-canis* auch zum Verwildern im Rasen.

Beste Wirkung: Zusammen mit anderen Frühlingsblühern wie der Schachbrettblume – *Fritillaria*, mit Narzissen und Tulpen, möglichst kleinblütigen, kann der Hundszahn einen natürlichen, lockeren Übergang vom Gehölzrand zum Rasen schaffen. Kleine Farne, wie der Frauenhaarfarn – *Adianthum venustum* eignen sich, die Lücken im Sommer zu füllen.

Fritillaria meleagris 'Alba'

Schachbrettblume
Liliaceae, Liliengewächse

Blütezeit: April, Mai.
Blüte: Rein weiße Blüten mit grüner Äderung, becherförmig, bis 4 cm lang und ebenso breit, nickend; meist nur eine Blüte pro Stiel, der beblättert ist.
Früchte: Kapseln mit flachen Samen.
Wuchs: Aufrecht, horstbildend; zieht nach dem Ausreifen der Samen ein.
Laub: Graugrün, schmal, relativ wenig.
Weitere Arten/Sorten: **'Aphrodite'**: rein weiße, besonders große Blüten; *F.* ***bucharica***: schirmförmige Blüten in gebrochenem Weiß; Rispe mit bis zu 8 Blüten; Blütezeit März/April; *F.* ***thunbergii***: Blütenglocken in gebrochenem Weiß, grün geädert oder schachbrettähnlich gemustert; Rispen mit 2 bis 6 Blüten; Höhe 60 cm.
Tipp: Schachbrettblumen vertragen keinen Wurzeldruck. Deshalb nicht unter Gehölze pflanzen.

Gartenwert: Weiße, zuweilen grünlich gemusterte Blüten, sehr dekorativ.
Typ: anmutig, filigran.
Bester Standort: Tiefgründiger, feuchter, aber wasserdurchlässiger, leicht saurer Boden; Sonne oder Halbschatten; *F. bucharica* braucht einen trockeneren Standort, vor allen Dingen im Sommer zum Ausreifen.
Verwendung: In Gruppen oder einzeln in Steingärten, Vorfrühlingsbeeten oder in Wassernähe.
Beste Wirkung: Weiße *Fritillaria* wirken sehr filigran in Wassernähe: am Rand eines Bachlaufs oder noch so kleinen Tümpels. Als Partner eignen sich Etagen-Primeln – *Primula japonica*, Hundszahn – *Erythronium* und feuchtigkeitsliebende *Iris*, z. B. *Iris sibirica* mit ihrem grasähnlichen Laub in den Sorten 'Alba' oder 'White Swirl'.

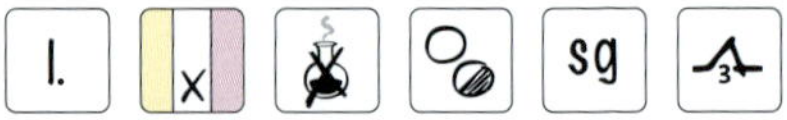

Galanthus nivalis

Schneeglöckchen, Kleines Schneeglöckchen
Amaryllidaceae, Amaryllisgewächse

Blütezeit: Februar bis März, eventuell früher.
Blüte: Rein weiße Glöckchen aus drei äußeren, etwas abstehenden großen und drei inneren kleineren Blütenblättern mit grünen Markierungen.
Früchte: Grüne, kugelige Samenkapseln.
Wuchs: Horstbildend; Höhe 10 bis 15 cm.
Laub: Graugrün, schmal, 15 cm lang.
Weitere Arten/Sorten: Es gibt inzwischen sehr viele Arten und Sorten, die kaum zu unterscheiden sind. Sie sind nur etwas für Sammler und haben oft einen stolzen Preis. Für den Garten zu empfehlen sind: **'Flore Pleno'**: gefüllte Blüte, etwas kurios; **'Viridapice'**: äußere Blütenblätter mit grünen Spitzen; gut zum Verwildern; *G.* ***elwesii***: große Blüten mit deutlichen grünen Markierungen; leichter Honigduft; volle Sonne; *G.* **'Samuel Arnott'**: große Blüten mit dunkelgrünen Markierungen; deutlicher Honigduft; relativ spät blühend; *G.* **'Straffan'**: perfekte Blüte, spät und lange blühend.
Tipp: Zwiebeln mit noch vorhandenem Laub etablieren sich viel leichter.
Gartenwert: Weiße Blütenglocken im Spätwinter; klassische Frühlingsboten.
Typ: nostalgisch, grazil, naturnah.
Bester Standort: Lockerer, humoser Boden, während der Blüte feucht, danach trocken; Halbschatten.
Verwendung: in Gruppen im Vorfrühlingsgarten; zum Verwildern zwischen laubabwerfenden Gehölzen und im Rasen; auf Gräbern; als Schnittblumen
Beste Wirkung: Unser einfaches Schneeglöckchen wirkt am natürlichsten, wenn man es unter laubabwerfenden Bäumen ansiedelt und sich selbst überlässt. Es hellt dunkle Teile auf und bringt sie zum Leuchten. Nichts anderes sollte diese Harmonie stören.

Galtonia candicans

Sommerhyazinthe
Hyacinthaceae, Hyazinthengewächse

Blütezeit: Juli bis September.
Blüte: Weiße Blütenglocken, 5 cm lang und 2 bis 3 cm breit hängen zu 20 bis 30 in lockeren Trauben; sie erblühen nacheinander von unten bis zur Spitze; leichter, süßer, warmer Duft.
Früchte: Kapseln mit vielen schwarzbraunen Samen.
Wuchs: Horstbildend; aufrecht, aus einer Zwiebel kommt in der Regel ein straffer Blütenstängel von 1 m Höhe; bei besonders großen Zwiebeln können sich auch zwei Stängel bilden.
Laub: Blau-grün, grundständig, lang und lanzettlich; etwa 6 cm breit und 50 cm lang.
Weitere Arten/Sorten: Keine.
Tipp: In klimatisch sehr ungünstiger Lage kann man die Zwiebeln im Herbst aus dem Boden nehmen und wie Dahlien überwintern.
Gartenwert: Weiße, große, duftende Blütenglocken in langen, attraktiven Trauben, Blütezeit im Spätsommer; leicht aus Samen zu vermehren, der schnell keimt; anspruchslos.
Typ: stattlich, außergewöhnlich.
Bester Standort: Gut durchlässiger, frischer Boden; geschützte Lage, volle Sonne; während des Wachstums viel wässern und düngen; keine Staunässe, besonders nicht im Winter; lockere Winterabdeckung.
Verwendung: In Gruppen in gemischten Rabatten, zwischen Stauden und Sommerblumen; als Schnittblumen.
Beste Wirkung: Die Sommerhyazinthe ist eine aristokratische Pflanze, die als Gruppe beeindruckend wirkt. Am besten man pflanzt 3 oder 5 Zwiebeln zusammen. Die verwelkten Blütenglocken sollten abgezupft werden, und schon sieht sie wieder hübsch aus. Solch eine Gruppe kommt zwischen dem purpurfarbenen Laub von *Salvia officinalis* 'Purpurascens' bestens zur Geltung.

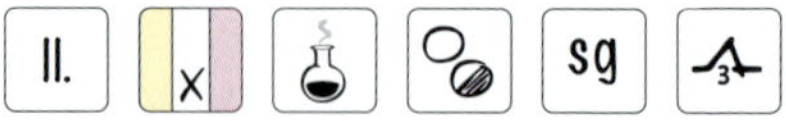

Gladiolus callianthus (Syn. Acidanthera bicolor var. murielae)

Gladiole, Stern-Gladiole
Iridaceae, Schwertliliengewächse

Blütezeit: August bis Oktober.
Blüte: Rein weiß; 6 Kronblätter mit einem dunkelpurpurfarbenen Fleck an der Basis; lockere Ähren mit bis zu 10 Blüten; süßwürziger Duft, besonders am Abend.
Früchte: Längliche Kapseln, 2 cm, mit dünnen, hellbraunen Samen.
Wuchs: Aufrecht und locker; 1 m × 10 cm.
Laub: Mattgrüne, schmale, schwertförmige Blätter.
Weitere Arten/Sorten: *G.* **'The Bride'**: rein weiße Blüten an schlanken, eleganten Ähren öffnen sich im Frühling; Höhe 50 cm; *G.* ***tristis***: cremeweiße Trichterblüten mit grünen Markierungen; süßer Gewürz-Nelkenduft am Abend; Höhe 60 cm; Blütezeit Mai bis Juni; *G.* **'White Friendship'**: rein weiße, an den Rändern gekräuselte Blüten; Höhe bis 1 m; Blütezeit Sommer.
Tipp: Man kann ihre Zwiebeln nach der Blüte herausnehmen und überwintern – trocken und auf jeden Fall frostfrei, besser warm. In einem kleinen Garten lohnt sich das nicht, die Zwiebeln sind nicht teuer.
Gartenwert: Interessante Blüten mit intensivem Duft; späte Blütezeit vom Spätsommer bis zum Herbst.
Typ: grazil, exotisch.
Bester Standort: Durchlässiger Boden; warmer, geschützter Standort; volle Sonne.
Verwendung: In Gruppen in Rabatten und Beeten; *G. tristis* am abendlichen Sitzplatz.
Beste Wirkung: Sie wirkt am besten vor dem dunklen Hintergrund einer Mauer oder einer Eibenhecke. Man kann die Zwiebeln im Abstand von 20 bis 30 cm in kleinen Tuffs davor pflanzen. Als Vordergrund bieten sich niedrigere Sträucher an wie Buchs, *Hebe*, ein niedriger *Philadelphus* oder *Iberis*. Sieht schön aus und gibt ihr Halt, auch optisch.

II.+III. | X | sg | 1

Hyacinthoides hispanica 'Alba' (Syn. Scilla campanulata)

Hasenglöckchen, „Spanische Bluebells"
Hyacinthaceae, Hyazinthengewächse

Blütezeit: Mai bis Juni.
Blüte: Rein weiß, breit glockig, in Trauben mit bis zu 15 Blüten.
Früchte: Rundliche Kapseln.
Wuchs: Rosettenartige Horste; Höhe 20 bis 30 cm.
Laub: Mittelgrün, glänzend, spitz lanzettlich, bis 30 cm lang, überhängend.
Weitere Arten/Sorten: **'La Grandesse'**: rein weiß; **'White City'**: schneeweiß; **'White Triumphator'**: rein weiß, besonders große Blüten; *H.* ***non-scripta*** **'Alba'**, Englisches Hasenglöckchen: rein weiße, schmale Glöckchen mit nach außen gebogenen Blütenblattspitzen; die Glöckchen hängen sehr anmutig nur an einer Seite des Stängels; warmer, balsamischer Duft; die weiße Form der legendären Bluebells Südenglands.
Tipp: Die weiße Form des Englischen Hasenglöckchens ist sehr schwer zu bekommen. Aber es wird wieder angeboten. Die Suche lohnt sich. Nicht zu nah an die spanische Art pflanzen; sie kreuzen sich fröhlich, doch die Mischformen sind weniger schön.
Gartenwert: Anmutige, rein weiße Blütenglocken im Spätfrühling; wuchsfreudig und problemlos
Typ: grazil, naturnah, anmutig.
Bester Standort: Durchlässiger Boden; Halbschatten bis Schatten; weiße Sorten mögen es eher trockener als die blauen.
Verwendung: Im Frühlingsgarten; in größeren Gruppen unter Bäumen und Sträuchern; gut zum Verwildern; als Schnittblume; samt sich stark aus, kann zur Last werden.
Beste Wirkung: Sehr anmutig unter Bäumen, wenn es sich ausbreiten darf. Kann frühe Zwiebelpflanzen, wie *Anemone nemorosa* oder *Scilla* ablösen. *Vinca minor* schließt die Lücken des einziehenden Laubes.

I.+II. | X | sg | 3

Hyacinthus orientalis ‘White Pearl’ ☠

Hyazinthe
Hyacinthaceae, Hyazinthengewächse

Blütezeit: April bis Mai.
Blüte: Rein weiße, röhren- bis glockenförmige Blütchen in anfangs dichten, später dem natürlichen Wuchs entsprechenden lockeren, endständigen Trauben; köstlicher, balsamischer Duft; Höhe 20 bis 30 cm.
Früchte: Geflügelte, schwarze Samen.
Wuchs: Horstbildend; aufrecht.
Laub: Hellgrüne, fleischige, halbaufrechte, grundständige Blätter erscheinen gleichzeitig mit der Blütentraube.
Weitere Arten/Sorten: **‘Carnegie’**: rein weiß, kompakt, blüht etwas später; **‘L’Innocence’**: besonders große Einzelblüten in großen Trauben, blüht früher; **‘Mont Blanc’**: schneeweiß, blüht früher.
Tipp: Möchte man ein Frühlingsahnen schon mitten im Winter haben, gibt es speziell präparierte Zwiebeln zum Treiben. Nach der Blüte werden sie in den Garten gepflanzt. Sie kommen dort im nächsten Jahr im Frühling zur Blüte.
Gartenwert: Weiße, dichte bis lockere, intensiv duftende Blütentrauben.
Typ: prächtig, nostalgisch.
Bester Standort: Gut durchlässiger Boden, humos und leicht, im Sommer trocken; volle Sonne, auch Halbschatten.
Verwendung: In Rabatten und Beeten, für Schalen, zum Treiben in Töpfen und auf Gläsern, als Schnittblumen.
Beste Wirkung: Weiße Garten-Hyazinthen sehen sehr hübsch zusammen mit niedrigen Stauden aus. Vor Koniferen oder einer wärmenden Mauer locker in Tuffs gepflanzt, kommt ihr nostalgisches Erscheinungsbild richtig zur Geltung. Storchschnabelarten – *Geranium* sind passende Begleitpflanzen.

Leucojum aestivum 'Gravetye Giant'

Knotenblume, Sommer-Knotenblume
Amaryllidaceae, Narzissengewächse

Blütezeit: April, Mai (die Artbezeichnung ist bei dieser Sorte irreführend).
Blüte: Weiße Glöckchen mit grünen Spitzen am Ende eines blattlosen Stängels.
Früchte: Schwarzbraune Beeren.
Wuchs: Aufrecht, horstig; Höhe 60 cm, bei sehr feuchtem Standort auch höher.
Laub: Dunkelgrün, glänzend, überhängend, bis 50 cm, erscheint vor oder mit den Blüten.
Weitere Arten/Sorten: ***L. autumnale***, Herbst-Knotenblume: 1–3 weiße, längliche Glöckchen an dünnen Stielen; fadenförmige Blätter erscheinen nach der Blüte; Höhe 10–15 cm; Blütezeit September bis Oktober; warmer, sonniger Standort; Winterschutz; ***L. vernum***, Frühlings-Knotenblume, Märzbecher: weiße, dickglockige Blüten mit grüngelben Spitzen, leichter Veilchenduft; Laub dunkelgrün und glänzend; Höhe 25 cm; Blütezeit März/April; wünscht frischen, leicht feuchten Boden; zum Verwildern.
Tipp: 15 bis 20 cm tief pflanzen. Zwiebeln blühen oft erst im zweiten Jahr.
Gartenwert: Weiße Glocken in unterschiedlichen Arten vom Frühling bis zum Herbst.
Typ: grazil, elegant.
Bester Standort: Bach- oder Teichufer, aber auch kühler, feuchter Boden im Garten; Halbschatten. Abweichende Bedingungen sind bei den Arten angegeben.
Verwendung: In Gruppen oder einzeln; in Wassernähe; *L. autumnale* für Steingärten oder im Vordergrund sonniger Rabatten.
Beste Wirkung: Sieht entzückend aus, wenn sich die Blütenglocken im Wasser spiegeln. Wirkung in größeren Gruppen eindrucksvoller, locker eingestreut dagegen graziler. Auch zusammen mit Narzissen und dem späteren *Polygonatum* ergibt sich eine natürliche Wirkung.

Lilium regale 'Album'

Lilie, Königs-Lilie
Liliaceae, Liliengewächse

Blütezeit: Juli.
Blüte: Rein weiße, glänzende Blüten mit gelbem Schlund und gelben Staubbeuteln. Die bei der Art übliche rosa Mittelrippe fehlt. Herrlich fruchtiger Duft. Die 10 bis 15 cm langen, trichterförmigen Blüten sind in Dolden bis zu 10 angeordnet.
Früchte: Große, braune, dünnhäutige Kapseln mit vielen Samen.
Wuchs: Starkwüchsig, aufrecht, Höhe bis 1,50 m.
Laub: Dunkelgrün, glänzend, schmal, dicht und wechselständig angeordnet.
Weitere Arten/Sorten: Siehe Seite 182.
Tipp: Der Blütenstaub ist nicht nur kräftig gefärbt, er färbt auch kräftig und ist schwer zu entfernen. Wenn Sie an den Blüten häufig vorbeikommen: die Staubbeutel abschneiden.
Gartenwert: Rein weiße, prächtige Blüten mit betörendem Duft; für viele Gartensituationen geeignet.
Typ: prächtig, edel, exotisch.
Bester Standort: Gut durchlässiger, humoser Boden in voller Sonne; abweichende Bedingungen sind bei den Sorten angegeben.
Verwendung: In kleinen Gruppen in Rabatten zwischen Stauden und Sträuchern, in Duftgärten, an Sitzplätzen und an Eingängen; für Topfkultur und als Schnittblumen.
Beste Wirkung: Weiße Lilien wirken am besten vor einem dunklen Hintergrund, z. B. vor einer ruhigen, grünen Eibenhecke – zusammen mit Alten Rosen, deren Düfte wunderbar mit denen der Lilien harmonieren, mit duftigem Schleierkraut – *Gypsophila*, das die Strenge auflockert und der Schleifenblume – *Iberis* für den Vordergrund. Hübsch sieht es aus, wenn durch Stauden vereinzelt die Farbe der Staubbeutel – ob gelb oder dunkelrot – aufgegriffen wird.

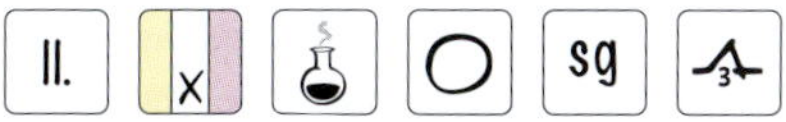

Muscari botryoides 'Album'

Traubenhyazinthe, Kleine Traubenhyazinthe
Hyacinthaceae, Hyazinthengewächse

Blütezeit: Ende März bis Anfang Mai.
Blüte: Rein weiße, fast kugelige, hängende Blüten in dichten Trauben; angenehmer Honigduft; meist keine Samen.
Früchte: Keine.
Wuchs: Kleine Horste; Höhe 15 cm; Vermehrung durch Nebenzwiebeln.
Laub: Dunkelgrüne, schmale, halbaufrechte, grundständige Blätter, an den Spitzen breiter.
Weitere Arten/Sorten: *M.* ***armeniacum*** **'Album'**: rein weiße, krugförmige Blüten in dichten Trauben; süßer Honigduft; 20 cm; Blütezeit März, April; das Laub erscheint im Herbst und ist wintergrün; braucht volle Sonne; *M.* ***azureum*** **'Album'**: rein weiße, kurze Glöckchen mit gezähntem Rand in sehr dichten, kurzen Trauben, manchmal zartgrün überhaucht; 10 cm; samt sich leicht aus, selten sortenecht; **'White Beauty'**: weiße Glöckchen, die unteren mit einem Hauch von Rosa, in dichten Trauben; 10–15 cm.
Tipp: *M. azureum* ist die beste Art zum Verwildern im Gras. Mähen darf man dann aber erst im Sommer.
Gartenwert: Dichte Trauben rein weißer Glöckchen im Frühling; sehr anspruchslos.
Typ: anmutig, zurückhaltend.
Bester Standort: Durchlässiger, nicht zu feuchter Boden; Sonne oder Halbschatten.
Verwendung: In größeren Gruppen im Steingarten, vor einer sonnigen Mauer, für Töpfe, Schalen und kleine Sträuße; *M. armeniacum* und *M. azureum* zum Verwildern unter laubabwerfenden Bäumen und Sträuchern.
Beste Wirkung: Die „Spanischen Perlen" (so der Volksmund) tragen diesen Namen zu Recht. Zwischen anderen Zwiebelpflanzen – Tulpen, Narzissen, Primeln – wirken sie wie ein Perlenteppich. *M. armeniacum* eignet sich gut für den Vordergrund einer Rabatte, ihr Laub ist auch im Winter grün.

Narcissus 'Petrel' ☠

Narzisse, Engelstränen-Narzisse
(Triandrus-Narzisse, Div. 5)
Amaryllidaceae, Narzissengewächse

Blütezeit: April bis Mai.
Blüte: Rein weiße Blüten mit kleiner, glockenförmiger Nebenkrone und zurückgebogenen Kronblättern; 2 bis 3 nickende Blüten pro Stängel; leichter, süßer Duft; lange Blütezeit.
Früchte: Länglich-runde Kapseln.
Wuchs: Horstbildend; Höhe 25 cm.
Laub: Dunkelgrün und sehr schmal.
Weitere Arten/Sorten: Siehe Seite 183.
Tipp: Narzissen sind wunderschön, wenn sie blühen. Das einziehende Laub dagegen ist keine Zierde. Mit später austreibenden Stauden oder Sträuchern lässt es sich verdecken.
Gartenwert: Weiße, anmutige, dekorative Blüten im Frühling, der Inbegriff von Ostern; vielseitige Verwendungsmöglichkeiten; problemlos.
Typ: anmutig, naturnah.

Bester Standort: Durchlässiger Boden, Sonne oder Halbschatten; Narzissen der Divisionen 5 und 6 brauchen neutralen bis sauren Boden.
Verwendung: In lockeren Gruppen in Frühlingsrabatten vor dunklem Hintergrund von Hecken und Zäunen, für Vorgärten, Schalen, Töpfe und als Schnittblumen; 'Jenny' eignet sich besonders gut zum Verwildern.
Beste Wirkung: Am allerschönsten wirken Narzissen – wie 'Petrel', 'Thalia', 'Polar Ice' und 'Jenny' –, wenn sie zu Hunderten ein wahres Meer von Blüten bilden. Aber auch vereinzelte Tuffs von 6 bis 12 Zwiebeln im Rasen und Kronenschatten laubabwerfender Bäume ergeben ein natürliches und zauberhaftes Bild.

I. | x | sg

Polianthes tuberosa 'The Pearl'

Tuberose
Agavaceae, Agavengewächse

Blütezeit: September bis Oktober.
Blüte: Weiße, anfangs leicht rosa getönte, wachsähnliche, trichterförmige, gefüllte Blüten öffnen sich flach wie Sterne. Die Blütenähre sitzt an der Spitze eines etwa 60 cm hohen Stiels. Exotischer, süß balsamischer Duft, die wohl am intensivsten duftende Blüte.
Früchte: Keine.
Wuchs: Halbaufrecht, Höhe 60 cm. Knollen bildend, hat in unserem Klima kaum Chancen, erneut zur Blüte zu kommen. Der Herbst ist nicht warm und sonnig genug, um der Knolle die Kraft für das nächste Jahr zu geben.
Laub: Mittelgrün, schmal, leicht überhängend, von dünner Beschaffenheit; Rosette.
Weitere Arten/Sorten: *P. tuberosa*: ungefüllte, etwas kleinere Blüten; **'Excelsior Double Pearl'**: soll noch schöner sein als 'The Pearl', ist aber kaum zu bekommen.

Tipp: Die Knollen treiben bei frostfreier Überwinterung zwar wieder Blätter, aber selten Blüten. Das Glück hatte ich in 20 Jahren nur einmal. Überwinterung lohnt deshalb nicht. Betrachten Sie die Tuberose als Einjährige. So teuer sind die Knollen nicht.
Gartenwert: Weiße, exotisch duftende Blüten.
Typ: exotisch, außergewöhnlich.
Bester Standort: Durchlässiger Boden; warm, geschützt, volle Sonne.
Verwendung: Einzeln, höchstens in 3er-Gruppen; in Töpfen, im Gewächshaus oder an warmen Stellen im Garten; als Schnittblumen; in der Parfumindustrie.
Beste Wirkung: Tuberosen mit ihrem berauschenden Duft sollten gezielt und sparsam eingesetzt werden. Einzeln in Töpfen im Innenhof oder vor einer warmen Mauer, zusammen mit anderen Exoten wie Zitronen und Oleander.

Puschkinia scilloides 'Alba'

Puschkinie
Hyacinthaceae, Hyazinthengewächse

Blütezeit: März, April, Mai; je nach Gegend. Blüte: Rein weiße, sternförmig glockige Blüten, ∅ 2 cm, in dichten Trauben auf 15 cm hohen Stielen; bis zu 10 Blüten in einer Traube.
Früchte: Keine.
Wuchs: Aufrecht, horstig; Höhe 15 cm.
Laub: Sattgrün, riemenförmig, 15 cm lang; grundständig.
Weitere Arten/Sorten: Keine.
Tipp: Puschkinien blühen üppiger, wenn ihre Zwiebeln im Sommer die Möglichkeit haben, auszutrocknen.
Gartenwert: Weiße Sterne in reizenden, dichten Trauben im Frühling; völlig anspruchslos.
Typ: grazil.
Bester Standort: Der Boden sollte im Frühling gut durchlässig, humusreich und frisch sein, im Sommer etwas trockener. Die Puschkinie verträgt sonnige und halbschattige Standorte.
Verwendung: In Gruppen vor und zwischen Sträuchern, im Frühlingsgarten, im Steingarten und zum Verwildern.
Beste Wirkung: Diese reizenden Frühlingsblüher vermehren sich fleißig durch Samen und Brutzwiebeln. Sie eignen sich hervorragend zur Unterpflanzung und könnten auch manch tristem Vorgarten zum Frühlingserwachen verhelfen. Sehr eindrucksvoll zwischen *Vinca minor* 'Alba'. Und setzt man noch kleine Wild-Tulpen, wie *Tulipa kaufmanniana* oder *Tulipa polychroma* dazwischen, ist der kleine Frühlingsgarten perfekt.

Scilla siberica 'Alba'

Scilla, Blausternchen
Hyacinthaceae, Hyazinthengewächse

Blütezeit: März, April.
Blüte: Rein weiße, breit-sternförmige, nickende Glöckchen, zu 2 bis 4 an einem 15 cm langen Stiel.
Früchte: Kleine Kugeln mit vielen Samen.
Wuchs: Aufrecht, horstig; Höhe 15 cm.
Laub: Mittelgrün, riemenförmig, 1 cm breit; das Laub erscheint mit den Blüten.
Weitere Arten/Sorten: *S.* ***liliohyacinthus*** **'Alba'**: weiße, kleine Blüten in lockeren Trauben; Blütezeit Mai; dekoratives, glänzendes Laub; Höhe 20 bis 30 cm; *S.* ***mitschenkoana*** **'Zwanenburg'**: fast weiße, breite, nickende Glöckchen mit schmalen, blauen Streifen außen an den Blütenblättern; Blütezeit März, April
Tipp: Die weißen Blausternchen versamen sich sehr fleißig, nur, ihre Kinder werden oft blau. Entweder Sie tolerieren das oder Sie müssen die Sämlinge konsequent entfernen.

Gartenwert: Weiße, kleine, nickende Blüten im zeitigen Frühling; sehr anspruchslos.
Typ: grazil.
Bester Standort: Durchlässiger, humoser Boden; Sonne oder Halbschatten.
Verwendung: In Gruppen zwischen laubabwerfenden Sträuchern und unter Bäumen; für Steingärten und Blumenkästen, Zwiebeln im Sommer herausnehmen; für kleine Sträuße.
Beste Wirkung: Kein Frühlingsgarten ohne diese entzückenden Vorboten. Kleine Tuffs lassen sich überall dazwischensetzen. Unter einem laubabwerfenden Baum pur oder gemeinsam mit Christrosen – *Helleborus* und Hundszahn – *Erythronium* 'White Beauty' ein Anblick, auf den man sich jedes Jahr aufs Neue freuen wird.

Sternbergia candida

Sternbergie
Amaryllidaceae, Narzissengewächse

Blütezeit: Januar, Februar.
Blüte: Weiße, krokusähnliche Blüten, 4 bis 5 cm lang, an kahlen Stängeln; öffnen sich fast sternförmig; unterscheiden sich vom Krokus durch ihre 6 (statt 3) Staubfäden; süß duftend.
Früchte: Weiche Kapseln.
Wuchs: Halbaufrecht, zart und grazil; Höhe 10 bis 20 cm.
Laub: Dunkel, blaugrün, schmal riemenförmig, grundständig; wird etwas höher als die Blüten
Weitere Arten/Sorten: Keine.
Tipp: Die Zwiebeln sollten mindestens 10 cm tief eingepflanzt werden. Eine üppige Blüte ist die Folge.
Gartenwert: Weiße, krokusähnliche, elegante Blüten im Spätwinter.
Typ: grazil, ausgefallen, elegant, selten.
Bester Standort: Gut durchlässiger, sandig-lehmiger Boden, der im Sommer austrocknet und im Winter auf keinen Fall nass ist; volle Sonne und warm; Winterschutz durch Tannenzweige.
Verwendung: In kleinen Gruppen im Steingarten, auf Trockenmauern, unter Sträuchern, in Töpfen.
Beste Wirkung: Diese entzückende Rarität sieht sehr hübsch in einer großen Tonschale aus. Hier kann man ihr die gewünschte Trockenheit gewährleisten, um sie dann in voller Blüte als Blickfang einzusetzen. Sie muß allein wirken können, zwischen Steinen und vielleicht einem niedrigen Gras, wie zum Beispiel Segge – *Carex hachijoensis*.

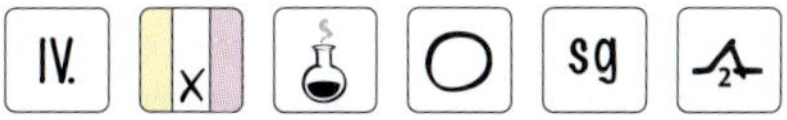

Tulipa 'Mount Tacoma' (Division 11)

Tulpe

Liliaceae, Liliengewächse

Blütezeit: Mai.
Blüte: Rein weiße, gefüllte, päonienförmige Schalen, hübsche, lockere, anmutige Form; späte Blüte.
Früchte: Keine, da gefüllte Blüte; bei ungefüllten Sorten Samenkapseln.
Wuchs: Aufrecht, kräftig; Höhe 40 bis 50 cm.
Laub: Graugrün, lanzettlich, gewellt.
Weitere Arten/Sorten: *T.* ***biflora***: weiße Sterne mit gelber Mitte, Blüte klein, 3 cm, duftend; April; bis 10 cm; *T.* ***kaufmanniana***: weiße, offene kleine Schalen mit gelber Mitte, Rückseite rosa oder graugrün überhaucht; März/April; 20 cm; **'Purissima'**: Blüte weiß, groß, duftend; April; 40 cm; **'White Parrot'**: schneeweiß, gefranst; sehr standfest und haltbar; Mai; 40 cm; **'Spring Green'**: elfenbeinweiß mit feiner, hellgrüner Zeichnung, sehr dekorativ; Mai; 40 cm; **'Swan Wings'**: schneeweiß, anmutig gefranster Blütenrand; Mai; 50 cm; **'White Triumphator'**: rein weiß, edel, schönste weiße lilienblütige Tulpe; Mai; 60 cm.
Tipp: Wenn man Tulpen schneidet, sollten 1 bis 2 Blätter an der Pflanze stehen bleiben. Die Zwiebeln werden so üppiger blühen.
Gartenwert: Weiße, auffällige Blüten von März bis Mai in unterschiedlichsten Formen.
Typ: anmutig und üppig zugleich.
Bester Standort: Durchlässiger, sandig-lehmiger Boden; Sonne oder Halbschatten. Wild-Tulpen brauchen Sonne und Wärme.
Verwendung: In kleinen Gruppen in Beeten und Rabatten; als Schnittblumen; Wildtulpen für Steingärten und Schalen.
Beste Wirkung: 'Mount Tacoma' kann im Mai der Höhepunkt einer Rabatte sein. Im mittleren Bereich, zwischen *Hosta*, z. B. 'Royal Standard', die später das welkende Laub verdecken; davor *Iberis*, *Myosotis sylvestris* 'Snow Ball' oder *Lobularia maritima*.

I. | x | sg

Zantedeschia aethiopica 'Crowborough'

Kalla, „Weißer Aronstab"
Araceae, Aronstabgewächse

Blütezeit: Januar bis Juni, je nach Standort.
Blüte: Schneeweiße Hochblätter mit gelbem Blütenkolben, trichterförmig, im oberen Teil nach hinten gebogen und spitz auslaufend, bis 20 cm; leichter, feiner Duft. Die Blüten erscheinen nacheinander über viele Wochen.
Früchte: Schnabelförmig, grün bis orange.
Wuchs: Fleischiger, knolliger Wurzelstock; aufrecht; Höhe bis 60 cm; bei frostfreier Überwinterung immergrün.
Laub: Leuchtend grün, pfeilförmig; 20 bis 30 cm auf langen Stielen.
Weitere Arten/Sorten: **'Apple Court Baby'**: kleiner, bis 35 cm; Blütezeit Juli/August; **'Green Goddess'**: Hochblätter grün mit weißem Zentrum; **'Little Gem'**: 10 cm große, duftende Blüten; 30 cm; blühfreudig.
Tipp: Die Sorte 'Crowborough' ist bezüglich der Winterhärte ein Grenzfall. Sie kann in milden Gegenden mit Winterschutz ins Freie gepflanzt werden. Sie wird dann ihr Laub verlieren und im Mai bis Juni blühen. Überwintert man sie im Haus, ist sie immergrün und kann bereits im Januar blühen.
Gartenwert: Weiße, exotisch wirkende Blüten; großes, dekoratives Laub.
Typ: stattlich, exotisch, außergewöhnlich.
Bester Standort: Ausgepflanzt: sehr feuchter Boden, auch Flachwasser bis 10 cm; volle Sonne. Im Topf: April bis Oktober im Freien an windgeschützter Stelle; viel wässern.
Verwendung: Einzeln in der Nähe von Wasser; in großen Töpfen in Innenhöfen; als Schnittblume.
Beste Wirkung: Am artgerechtesten an einem Bachlauf. In einem schlichten Tontopf am Rand eines noch so kleinen Wassers platziert, in dem sich die Blüten spiegeln können, ist eine dekorative, exotisch wirkende „Notlösung".

Bacopa 'Snowflake' (Syn. Sutera cordata 'Snowflake')

Bacopa, Schneeflöckchen
Scrophulariaceae, Braunwurzgewächse

Blütezeit: Mai bis September, Oktober.
Blüte: Rein weiße, winzige Schalen mit 5 Blütenblättern entlang der überhängenden Triebe.
Früchte: Kleine Samen, unbedeutend.
Wuchs: Flache Polster, überhängend; Höhe 10 bis 15 cm; in unseren Breiten als Einjährige gezogen.
Laub: Dunkelgrün, klein, herzförmig; sehr schöner Kontrast zu den Blüten und ideales Größenverhältnis.
Weitere Arten/Sorten: 'Typhoon White': größere weiße Blüten, ganz neue Sorte.
Tipp: Schneeflöckchen – unter diesem Namen wird sie meist im Handel angeboten – kann auch frostfrei überwintert werden und ist dann mehrjährig. Das lohnt sich jedoch kaum, da sie im Frühling sehr preiswert überall in Gärtnereien zu bekommen ist.
Gartenwert: Winzige weiße Blütchen im Überfluß; völlig problemlos.
Typ: grazil, anmutig.
Bester Standort: Humoser Boden; Sonne bis Halbschatten.
Verwendung: Einzeln für Ampeln und Blumenkästen; zur Unterpflanzung von Sträuchern.
Beste Wirkung: Schneeflöckchen wirkt am anmutigsten, wenn ihr hängender Wuchs auch zur Geltung kommt. In einer schönen Ampel, zusammen mit Efeu, wird es im Laufe des Sommers immer üppiger. Eine schlichte Bepflanzung, aber sehr effektvoll.

Cosmos bipinnatus ‘Purity’

Kosmee, Schmuckkörbchen
Asteraceae, Korbblütler

Blütezeit: Juli bis September.
Blüte: Rein weiße Blütenschalen mit gelber Mitte; margeritenähnliche Korbblüten von 10 cm Durchmesser.
Früchte: Körbchen mit langen, dünnen Samen
Wuchs: Buschig, aufrecht, einjährig; Höhe bis 1 m, Breite bis 50 cm.
Laub: Hellgrün, gefiedert und duftig; schöner Kontrast zu den Blüten.
Weitere Arten/Sorten: **‘Sonata White’**: rein weiße Blüten; Höhe 40 cm, Breite 30 cm
Tipp: Werden die verwelkten Blüten entfernt, verlängert sich die Blütezeit bis weit in den Herbst hinein. Lassen Sie einige Blüten Samen ansetzen, sie säen sich selbst aus.
Gartenwert: Weiße, große Blüten, zartes, fedriges Laub; sehr anspruchslos.
Typ: filigran.

Bester Standort: Durchlässiger, feuchter Boden; volle Sonne.
Verwendung: In Gruppen oder einzeln verstreut in Sommerblumen-Beeten und in Rabatten; als Schnittblumen.
Beste Wirkung: Weiße Kosmeen sind die idealen „Lückenbüßer“ in gemischten Rabatten. Einzeln überall dort hingesetzt, wo früh blühende Stauden ihren Höhepunkt überschritten haben oder Zwiebelpflanzen freie Stellen hinterlassen haben, bringen sie neues Leben in das vielbeklagte, aber nicht notwendige Sommerloch.

Digitalis purpurea 'Alba'

Fingerhut
Scrophulariaceae, Braunwurzgewächse

Blütezeit: Juni bis Juli.
Blüte: Rein weiße, glockige „Fingerhüte", hängend, an einer Seite der Ähre. Sie blühen nacheinander von unten nach oben auf, was sehr dekorativ aussieht.
Früchte: Kapseln mit vielen, winzigen Samen
Wuchs: Straff aufrecht; Höhe 1,00 bis 1,50 m; kurzlebige Staude, die zweijährig gezogen wird. Im ersten Jahr wird eine Blattrosette gebildet, der im zweiten Jahr eine lange Blütenähre folgt.
Laub: Dunkelgrün, wollig behaart; groß, eirund, zugespitzt; sehr wirkungsvoll.
Weitere Arten/Sorten: **'Excelsior White'**: rein weiße, große Blüten; rund um den Stiel fast waagerecht angeordnet
Tipp: Fingerhut sorgt recht fleißig für Nachkommen. Er weiß oft am besten, wo er hinpasst. Ich lasse ihn gewähren und entferne die Sämlinge, wo sie mir nicht gefallen.
Gartenwert: Rein weiße, dekorative Blütenstände im Sommer; schöne überwinternde Blattrosette; sehr anspruchslos.
Typ: stattlich, naturnah, nostalgisch.
Bester Standort: Durchlässiger, feuchter Boden und Halbschatten werden bevorzugt; aber sonst nicht wählerisch.
Verwendung: In Gruppen im Hintergrund einer Rabatte; im nostalgischen Bauerngarten; in naturbelassenen Gärten; als Schnittblumen besonders 'Excelsior White'.
Beste Wirkung: Der weiße Fingerhut wirkt besonders natürlich als Übergang vom Garten zum Wald. Im lichten Schatten zusammen mit locker stehenden Farnen, zum Beispiel dem Trichterfarn – *Matteucia struthiopteris*, Astilben, Glockenblumen – *Campanula* in verschiedenen Arten und Rhododendren als dunkler Hintergrund hat der Fingerhut nicht zu überbietende Fernwirkung.

Eryngium giganteum

Edeldistel, Elfenbein-Mannstreu
Apiaceae, Doldenblütler

Blütezeit: Juli bis August.
Blüte: Walzenförmige, grünlich blaugraue Blütenköpfe mit breiten, silbrigweißen Hochblättern an verzweigten, festen Stielen.
Früchte: Viele Samen
Wuchs: Horstbildende Zweijährige, steif aufrecht, etwa 80 cm hoch; stirbt nach der Blüte ab, versamt sich vorher aber so fleißig, dass der Eindruck entsteht, es wären Stauden.
Laub: Langgestielt, herzförmig, scharf gezähnt, derb, glänzend.
Weitere Arten/Sorten: 'Silver Ghost': leuchtend silbrig weiße Hochblätter, die enger stehen und auffallend helle Wirkung haben.
Tipp: Im englischen Sprachraum heißt sie „Miss Willmott´s Ghost". Diese Gärtnerin soll die Samen aus lauter Begeisterung überall verstreut haben; in den glitzernden „Blüten" sah man dann ihren Geist. Vielleicht können Sie ja auch Ihren Nachbarn eine Freude machen.
Gartenwert: Imposante Blüten, attraktives Laub und bizarre Erscheinung bis weit in den Herbst hinein
Typ: naturnah, stattlich.
Bester Standort: volle Sonne; trockene bis frische Böden, so lange sie durchlässig und nicht zu „arm" sind; Schutz vor Winternässe
Verwendung: Als strukturgebende Pflanzen in naturnahen Gärten; exzellent als Schnittblumen für Trockensträuße – halten bis zu 14 Tagen.
Beste Wirkung: Besonders dekorativ im abnehmenden Licht. Je dunkler es wird, desto geisterhafter wirkt sie in ihrem glitzernden Weiß in einem Mondscheingarten zusammen mit weiß blühenden Stauden, etwa *Campanula persicifolia*, *Centaurea montana*, *Malva moschata* und Sträuchern, etwa den Rosen 'Moonlight' und 'Schneewittchen'.

Hesperis matronalis 'Alba'

Nachtviole

Brassicaceae, Kreuzblütengewächse

Blütezeit: Mai bis Juni, Juli.

Blüte: Weiße, vierblättrige Blüten in lockeren Trauben; intensiver Gewürz-Nelkenduft, besonders am Abend – morgens dagegen ein leichter Veilchenduft. Attraktiv für Bienen.

Früchte: Schoten mit vielen Samen.

Wuchs: Aufrecht, leicht überhängend; Höhe 60 bis 90 cm; zweijährig, in milden Gegenden eine kurzlebige Staude.

Laub: Dunkelgrün, behaart, länglich-lanzettlich und gezähnt; anfangs lockere Rosetten; beblätterte Stängel.

Weitere Arten/Sorten: **'Alba Plena'**: gefüllte Blüten in weichem Weiß; keine Samen. Wird oft als etwas ganz Besonderes beschrieben. Ich habe in unserem Garten andere Erfahrungen gemacht – das Natürliche und Duftige der einfach blühenden Sorte fehlt ihr; *H.* ***candida*** (Syn. 'Nana Candidissima'): gefüllte, glitzernd weiße Blüte; Höhe 30 bis 40 cm.

Tipp: Für eine zweite Blüte im Herbst alles Verblühte sofort abschneiden.

Gartenwert: Weiße, lockere Blütenstände; herrlicher Duft, besonders abends.

Typ: nostalgisch, naturnah, duftig.

Bester Standort: Gut durchlässiger, feuchter, neutraler bis alkalischer Boden; Sonne oder Halbschatten. Je trockener und magerer der Boden, desto mehr Schatten verträgt sie.

Verwendung: Kleine Gruppen in gemischten Rabatten; in Bauergärten; im abendlichen Duftgarten in der Nähe vom Sitzplatz.

Beste Wirkung: Weiße Nachtviolen sind am schönsten in einem möglichst natürlichen Umfeld. Sie brauchen aber etwas Unterstützung, um nicht unordentlich auszusehen. An einem schattigen Gehölzrand vor dunklem Hintergrund, zwischen kleinen Sträuchern oder Farnen, die ihnen Halt geben – in solch diffusem Licht entsteht eine zauberhafte Wirkung.

Lavatera trimestris 'Mont Blanc'

Sommermalve, Bechermalve
Malvaceae, Malvengewächse

Blütezeit: Juli bis Oktober.
Blüte: Schneeweiße, glitzernde, fein gemaserte, weit geöffnete Trichter bis 10 cm ∅ erscheinen einzeln aus den Blattachseln. In voller Blüte sieht das aus wie eine Ähre.
Früchte: Runde, abgeflachte Spaltfrüchte.
Wuchs: Aufrecht, buschig verzweigt, sehr kompakt; Höhe 50 cm; einjährig.
Laub: Dunkelgrün, behaart, rundlich-herzförmig.
Weitere Arten/Sorten: 'White Beauty': rein weiße, Schalenförmige Blüten mit anmutig gewelltem äußeren Rand; *L.* **'White Satin'**: rein weiße, sehr flache Blütenschalen; Höhe bis 1,50 m; kurzlebige Staude; neue Sorte.
Tipp: Man kann den Samen im April direkt an den gewünschten Platz säen – oder es der Pflanze selbst überlassen.
Gartenwert: Weiße, zarte Blüten, ähnlich denen der Malve; lange Blütezeit im Sommer bis in den Herbst hinein; anspruchslos und dankbar
Typ: duftig.
Bester Standort: Durchlässiger, normaler Gartenboden; Sonne.
Verwendung: Einzeln in Rabatten oder sommerlichen Blumenbeeten; sehr haltbar als Schnittblumen.
Beste Wirkung: Die weißen Sommermalven eignen sich hervorragend, um Lücken zu füllen, die früh blühende Stauden oder Zwiebelpflanzen hinterlassen haben. Auch als „Höhepunkte" einer niedrigen Pflanzung. Sehr schön in rein weißen Rabatten, aber auch in Verbindung mit zarten Rosa- und Mauvetönen.

Lobularia maritima 'Sweet White' (Syn. Alyssum maritimum)

Duftsteinrich, „Sweet Alyssum"
Brassicaceae, Kreuzblütengewächse

Blütezeit: Mai bis September, oft bis in den Dezember hinein.
Blüte: Rein weiße, winzige, schalenförmige Blütchen aus 4 Blütenblättern in vielblumigen Trauben; herrlich süßer Honigduft.
Früchte: Winzige Schoten mit 1 bis 2 Samen.
Wuchs: Buschig, sehr verzweigt, polsterbildend; Höhe 10 cm; bleibt oft den Winter über grün und sät sich selbst aus, es entsteht der Eindruck einer mehrjährigen Staude.
Laub: Moosgrün, klein, lanzettlich.
Weitere Arten/Sorten: Die Sorten **'Carpet of Snow'**, **'Little Dorrit'**, **'Schneehaube'** und **'Snow Crystals'** duften eher wie frisches Heu. 'Snow Crystals' deutlich höher (25 cm).
Tipp: Diese entzückende Duftpflanze ist ab Mai für wenig Geld in allen Gärtnereien zu bekommen, selten unter einer Sortenbezeichnung, meist als „Sweet Alyssum".
Gartenwert: Weiße, wunderbar duftende Blüten in Hülle und Fülle vom Spätfrühling bis zum Spätherbst; völlig problemlos.
Typ: anmutig, duftig.
Bester Standort: Gut durchlässiger, normaler Boden; Sonne.
Verwendung: Einzeln oder zu mehreren als Randbepflanzung und als Bodendecker, zwischen Steinen, für Töpfe und Balkonkästen; attraktiv für Bienen und Schmetterlinge.
Beste Wirkung: Am besten kommt man in den Genuß des Duftes, wenn man ihn in Nasenhöhe hat. In hübschen Tonschalen, die man auf Treppenstufen stellen kann, oder in den Sitz eines alten, nostalgischen Stuhls, den man zweckentfremdet hat. Ebenbürtige Begleiter sind Duftveilchen, die auch einmal violett sein dürfen, Polster-Phlox – *P. douglasii* 'Iceberg' und kleine Frühlings-Zwiebelpflanzen.

Lunaria annua var. **albiflora**

Mondviole, Silberblatt, Judas-Silberling
Brassicaceae, Kreuzblütengewächse

Blütezeit: Mai bis Juni
Blüte: Weiße, vierblättrige Blütchen in lockeren, beblätterten Trauben; zarter Veilchenduft am Abend.
Früchte: Silbrige, dekorative Schoten, groß, rund und durchscheinend; ab September.
Wuchs: Aufrecht und schnellwachsend; Höhe bis 80 cm, Breite 30 cm. Zweijährig, bildet im ersten Jahr einen Stängel von 30 cm mit Laub, blüht im zweiten Jahr, setzt Samen an und stirbt.
Laub: Dunkelgrün, oval zugespitzt, gesägt.
Weitere Arten/Sorten: 'Alba Variegata': ebenfalls weiße Blüten, aber attraktiv cremeweiß gezeichnetes Laub. Die Laubfärbung bildet sich erst im zweiten Jahr.
Tipp: Der Silberling sollte in erster Linie wegen der dekorativen Samenstände gepflanzt werden, also dorthin, wo der Garten ab September ein Highlight vertragen kann.
Gartenwert: Dekorative Samenschoten; weiße Blüten in lockeren Trauben.
Typ: naturnah.
Bester Standort: Durchlässiger, nicht zu trockener Boden; am liebsten Halbschatten.
Verwendung: In lockerer Anordnung in naturbelassenen Gärten; die Fruchtstände für Trockensträuße.
Beste Wirkung: Im naturbelassenen Teil eines Gartens am Gehölzrand in lockerer Gemeinschaft mit Fingerhut – *Digitalis*, Storchschnabel – *Geranium* und der Nachtviole – *Hesperis matronalis* kommt der Silberling gut zur Geltung. Und besonders seine Samenstände glitzern im diffusen Licht. Verschiedene Deutzien-Arten eignen sich dazu, der Pflanzung den nötigen Halt zu geben. Am anmutigsten wirkt die Mondviole dort, wo sie sich selbst aussäen darf.

Matthiola incana fo. **alba (Brompton-Serie weiß)**

Levkoje, Garten-Levkoje
Brassicaceae, Kreuzblütengewächse

Blütezeit: Mai.
Blüte: Weiße, locker gefüllte Blüten in endständigen Trauben; exotischer, intensiver Gewürz-Nelkenduft am Tag und am Abend.
Früchte: Keine.
Wuchs: Aufrecht und buschig; Höhe bis 40 cm; zweijährig.
Laub: Graugrün, leicht filzig behaart, lanzettlich.
Weitere Arten/Sorten: Es gibt verschiedene Serien mit unterschiedlichen Blühzeiten. **Ten-Week-Serie**: Blütezeit Sommer, 10 Wochen nach dem Aussäen, Wuchs kompakt; 30 cm; **East-Lothian-Serie**: Blütezeit Herbst, Aussaat im März; bis 30 cm; **Winterblühende Levkojen**: Aussaat im Sommer, Blüte im Winter unter Glas, besonders schön; 30 cm; **'White Perennial'**: einfache, weiße, duftende Blüten; mehrjährige Staude; 45 cm.

Tipp: Warum nur findet man Levkojen heute kaum mehr in Gärten? Allein des Duftes wegen sollte man nicht auf sie verzichten.
Gartenwert: Weiße, gefüllte Blüten mit unvergleichlichem Duft
Typ: nostalgisch.
Bester Standort: Gut durchlässiger, feuchter, nährstoffreicher Boden; Sonne; geschützt.
Verwendung: Einzeln oder in kleinen Gruppen in Rabatten, im Duft- und Bauerngarten; als Schnittblume.
Beste Wirkung: Weiße Levkojen sind etwas Besonderes. Ihre nostalgische Wirkung mit dem warmen, würzigen Nelkenduft kommt am besten an einem abendlichen Sitzplatz zur Geltung. Dieser aromatische Duft würde andere Düfte unweigerlich „erschlagen“. Mit der gleichen Note wie *Hesperis*, mit *Gladiolus tristis* und einigen Pfingstrosen ergibt sich ein gelungenes Duftbukett.

Myosotis sylvatica 'Alba'

Vergißmeinnicht, Wald-Vergißmeinnicht
Boraginaceae, Rauhblattgewächse

Blütezeit: März bis Mai, Juni.
Blüte: Weiße, kleine Blütchen mit gelbem Auge in vielen dichten Trugdolden.
Früchte: Schwarzbraune Nüsschen.
Wuchs: Aufrecht und buschig; Höhe 15 bis 20 cm; meist zweijährig, zuweilen kurzlebige Staude.
Laub: Graugrün, behaart, lanzettlich; wechselständig.
Weitere Arten/Sorten: **'Snowball'**, **'Victoria Alba'** und **'White Ball'** sind drei besonders kompakte Sorten mit größeren Blüten von Mai bis Juni; *M.* ***palustris*** **'Alba'**, Sumpf-Vergißmeinnicht und *M.* ***scorpioides*** **'Alba'**, **'Ice Pearl'** und **'Snowflake'**, Großblütiges Sumpf-Vergißmeinnicht haben weiße Blüten von Juni bis September; ausläufertreibend; für Sumpfzonen und Niedrigwasser.
Tipp: Das weiße Vergißmeinnicht sät sich fleißig aus. Die Sämlinge sind jedoch oft hellblau. In einem naturbelassenen Bereich wird man sie tolerieren, in einer rein weißen Gestaltung entfernen.
Gartenwert: Weiße, reizende Blütchen im Frühling und Sommer.
Typ: nostalgisch, ausgefallen.
Bester Standort: Gut durchlässig, feucht, humos; Sonne.
Verwendung: In kleinen Gruppen in Rabatten und Frühlingsbeeten; für Töpfe und Grabbepflanzungen
Beste Wirkung: Weiße Vergißmeinnicht wirken besonders schön als Übergang vom Rasen zu weißen Kamelien. Dazu passen Waldmeister – *Galium odoratum*, kleine Wald-Erdbeeren – *Fragaria vesca* und niedrige, kleinblütige Narzissen wie 'Jenny', 'Petrel' und 'Thalia'.

Nicotiana sylvestris

Zier-Tabak, Berg-Tabak
Solanaceae, Nachtschattengewächse

Blütezeit: Juni bis September
Blüte: Rein weiße Trichterblüten an langen Röhren.
Früchte: Beeren mit kleinen Samen, werden aber selten gebildet
Wuchs: Buschig, verzweigt; rosettenbildend; in unserem Klimagebiet zweijährig gezogen, in milden Gegenden als kurzlebige Staude mit Winterschutz; 1,50 m × 60 cm.
Laub: Dunkelgrün, flaumig behaart; elliptisch, groß, bis 30 cm lang.
Weitere Arten/Sorten: **'Only the Lonely'**: reichblütig und intensiv duftend; *N.* ***alata grandiflora*** **'White'** (Syn. 'Grandiflora'): cremeweiße, röhrenförmige Blüten, verströmen am Abend einen stark exotischen Duft, tagsüber geschlossen; 1,50 m × 30 cm; *N.* ***sanderae***: niedrig bleibende Hybride, etwa 30 cm hoch, in vielen Sorten und Farben, auch weiß, aufwärts gerichtete Blüten, die sich in der Sonne nicht schließen, leider kein Duft; einjährig.
Tipp: Der Zier-Tabak wirkt besser, wenn er eine lockere Stütze bekommt.
Gartenwert: Intensiver Blütenduft am Abend.
Typ: üppig, naturnah.
Bester Standort: Humoser, feuchter, gut durchlässiger Boden; Sonne oder Halbschatten.
Verwendung: Einzeln in Rabatten und naturbelassenen Gärten; die niedrigen Hybriden im Sommerbeet, in Balkonkästen und für Grabbepflanzungen.
Beste Wirkung: Am besten in einer lockeren Gruppe vor einem ruhigen Hintergrund. Das kann eine immergrüne, geschnittene Hecke, ein Holzzaun oder eine dunkle Mauer sein. Niedrige Nachbarn, wie der Heliotrop mit seinen dunkellila Blüten steigern die Leuchtkraft des Tabaks.

Salvia farinacea 'Alba'

Salbei, Mehliger Salbei
Lamiaceae, Lippenblütler

Blütezeit: Juni bis Oktober.
Blüte: Weiße, kleine Lippenblüten in dichten, langen Ähren; Triebe straff aufrecht.
Früchte: Nüsschen.
Wuchs: Dicht, horstig, aufrecht; Höhe 60 cm; kurzlebige Staude, wird einjährig gezogen.
Laub: Mittelgrün, silbrig behaart; gegenüberstehend, lanzettlich.
Weitere Arten/Sorten: *S.* ***argentea***, Silberblatt-Salbei: weiße Blüten in Rispen; silbrig, wollig, weiche Blätter; Höhe bis 80 cm; *S.* ***greggii*** **'Alba'**: Herbst-Salbei; weiße Blüten von August bis November; Blätter mit fruchtigem Aroma; in milden Gegenden immergrüner Halbstrauch; Höhe 30 bis 40 cm; *S.* ***officinalis*** **'Albiflora'**: Echter Salbei; weiße Blüten; halbimmergrüner Strauch; *S.* ***patiens*** **'Alba'** und **'White Trophy'**, Mexikanischer Salbei: hübsche, weiße Blüten; nicht winterhart; knollige Staude; *S.* ***viridis*** (Syn. *horminum*) var. ***alba*** **'White Swan'**: Schopf-Salbei, weiße Hochblätter mit hellgrünen Adern; Höhe 40 cm; für Trockensträuße.
Tipp: Weißblühender Salbei wird selten angeboten. Kaufen Sie ihn am besten blühend.
Gartenwert: Weiße Blütenähren über eine lange Zeit im Sommer; pflegeleicht.
Typ: nostalgisch, selten, naturnah.
Bester Standort: Jeder Gartenboden; Sonne.
Verwendung: Einzeln oder in Gruppen als Lückenfüller in sommerlichen Rabatten; für Töpfe und als Schnittblumen.
Beste Wirkung: Weißer Salbei harmoniert wunderbar mit weißen Rosen, aber auch mit Sorten in weichem Rosa bis Violett, wie 'Charles Rennie Mackintosh' oder 'Mary Rose' von David Austin. Das hellgraue Laub des Lavendels mit seinem nostalgischen Duft ist der gelungene Dritte im Bunde.

Pflanzen für besondere Gartensituationen

Pflanzen mit Aha-Effekt

Bäume: *Betula utilis, Catalpa, Davidia, Magnolia grandiflora*
Sträucher: *Heptacodium, Paeonia suffruticosa, Yucca*
Kletterpflanzen: *Schizophragma, Wisteria*
Stauden: *Agapanthus, Crambe, Dictamnus, Sanguinaria canadensis* 'Multiplex'
Zwiebel- und Knollenpflanzen: *Cardiocrinum, Galtonia candicans, Lilium, Zantedeschia*
Ein- und Zweijährige: *Eryngium giganteum*

Pflanzen mit duftenden Blüten

Bäume: *Catalpa, Crataegus, Lagerstroemia, Magnolia stellata, Magnolia grandiflora, Magnolia soulangeana, Malus baccata, Prunus serrulata, Styrax obassia*
Sträucher: *Brugmansia, Buddleja, Chionanthus, Choisya ternata, Citrus limon, Clethra, Daphne, Deutzia, Escallonia, Fothergilla, Heptacodium, Lavandula, Ledum, Magnolia sieboldii, Nerium oleander, Osmanthus, Philadelphus, Pieris, Rosa, Sambucus, Sarcococca, Skimmia, Syringa, Viburnum, Zenobia*
Kletterpflanzen: *Clematis terniflora, Clematis armandii, Hydrangea anomala, Jasminum, Lathyrus, Lonicera, Rosen, Wisteria*
Stauden: *Convallaria majalis, Crambe, Dianthus, Dictamnus, Galium odoratum, Gypsophila, Hosta 'Royal Standard', Iris pumila, Malva moschata, Phlox, Polygonatum odoratum, Viola odorata*
Zwiebel- und Knollenpflanzen: *Cardiocrinum, Galtonia, Gladiolus callicanthus, Hyacinthoides non-scripta, Hyacinthus orientalis, Lilium, Muscari,* viele *Narcissus, Polianthes tuberosa, Sternbergia*
Ein- und Zweijährige: *Hesperis, Lobularia, Lunaria, Matthiola, Nicotiana*

Pflanzen mit duftendem Laub

Bäume: *Catalpa, Davidia*
Sträucher: *Choisya ternata, Escallonia, Lavandula, Ledum, Skimmia, Salvia*
Stauden: *Monarda, Pelargonium, Satureja*

Pflanzen für naturnahe Gestaltung

Bäume: *Amelanchier, Betula utilis, Crataegus*
Sträucher: *Buddleja, Clethra, Deutzia, Erica, Iberis, Potentilla, Rubus, Sambucus, Syringa*
Kletterpflanzen: *Lonicera,* Rambler-Rosen
Stauden: *Achillea, Arabis, Aster ericoides, Astilbe, Astrantia, Centaurea, Cerastium, Convallaria majalis, Crambe, Geranium, Lamium, Leucanthemum, Lysimachia, Monarda, Penstemon*
Zwiebel- und Knollenpflanzen: *Anemone, Crocus, Galanthus, Hyacinthoides,* viele *Narcissus*
Ein- und Zweijährige: *Digitalis, Eryngium, Hesperis, Lunaria*

Pflanzen für Hecken- und Windschutz

Bäume: *Prunus*-Arten, *Photinia*
Sträucher: *Deutzia scabra, Lavandula, Osmanthus, Philadelphus, Rosa alba, Rubus, Sambucus, Sarcococca ruscifolia, Spiraea, Syringa, Viburnum*
Stauden: *Lysimachia*

Sträucher vor Wänden und Mauern

Camellia sasanqua, Choisya ternata, Citrus limon, Daphne odora, Escallonia, Hebe, Nerium oleander, Rosa banksiae var. *banksiae*

Bodendecker für sonnige Lagen

Sträucher: *Erica carnea, Hebe pinguifolia* 'Pagei', Bodendecker-Rosen
Kletterpflanzen: Rambler-Rosen
Stauden: *Geranium sanguineum, Cerastium tomentosum, Gypsophila repens*

Bodendecker für schattige Lagen

Sträucher: *Sarcococca humilis*
Kletterpflanzen: *Hydrangea anomala, Lonicera japonica* 'Halliana'
Stauden: *Bergenia cordifolia, Cornus canadensis, Epimedium, Galium odoratum, Lamium, Omphalodes, Pulmonaria, Tiarella*

Pflanzen für feuchten Schatten

Sträucher: *Camellia japonica, Daphne, Hydrangea quercifolia, Kalmia, Ledum, Magnolia sieboldii, Nandina, Rhododendron, Sarcococca, Skimmia*
Kletterpflanzen: *Hydrangea anomala, Lonicera japonica* 'Halliana', *Decumaria, Schizophragma*
Stauden: *Anemone × hybrida, Astilbe, Convallaria majalis, Cornus canadensis, Helleborus niger, Hosta, Polygonatum, Primula, Trillium*
Zwiebel- und Knollenpflanzen: *Galanthus*, viele *Leucojum*

Pflanzen für neutrale bis saure Böden

Bäume: *Lagerstroemia × fauriei, Styrax, Magnolia stellata, Magnolia soulangeana*
Sträucher: *Camellia, Chionanthus, Clethra, Enkianthus, Erica, Fothergilla, Heptacodium, Hydrangea, Kalmia, Ledum, Magnolia sieboldii, Nandina, Pieris, Rhododendron, Skimmia, Zenobia*
Kletterpflanzen: *Hydrangea anomala*
Stauden: *Cornus canadensis, Sanguinaria, Trillium, Phlox stolonifera*
Zwiebel- und Knollenpflanzen: *Narcissus* (Div. 5 und 6)

Pflanzen für Lehmböden

Sträucher: *Citrus limon, Kalmia, Ledum, Magnolia sieboldii, Rosa*
Kletterpflanzen: Rosen
Stauden: *Achillea, Agapanthus, Galium odoratum, Helleborus niger, Paeonia lactiflora, Primula japonica*

Pflanzen für Kalkböden

Bäume: *Malus baccata, Amelanchier, Prunus*
Sträucher: *Buddleja, Choisya , Daphne, Deutzia, Nerium oleander, Potentilla, Sambucus, Syringa, Viburnum tinus, Yucca*
Kletterpflanzen: *Clematis, Lonicera, Wisteria*
Stauden: *Anthericum, Aquilegia, Dianthus, Dictamnus, Helleborus niger, Malva moschata, Scabiosa*
Zwiebel- und Knollenpflanzen: *Colchicum, Crocus*
Ein- und Zweijährige: *Lavatera, Lobularia, Matthiola*

Pflanzen für Sandböden

Bäume: *Betula utilis*
Sträucher: *Erica arborea, Hebe, Lavandula, Rosa pimpinellifolia*
Kletterpflanzen: Rambler-Rosen
Stauden: *Crambe cordifolia, Dictamnus, Gypsophila, Papaver alpinum, Phlox bifida, Satureja*
Zwiebel- und Knollenpflanzen: *Muscari, Scilla, Sternbergia*
Ein- und Zweijährige: *Lobularia*

Weitere Arten und Sorten

Sträucher

Camellia – Kamelien

– *C. japonica* **'Lovelight'**: halbgefüllt.
– *C. japonica* **'Madame Lourmand'**: einfach.
– *C. japonica* **'Nobilissima'**: anemonen- bis päonienförmig, sehr früh blühend.
– *C. japonica* **'Nuccio's Gem'**: vollständig gefüllt.
– *C. japonica* **'Shirobotan'**: halbgefüllt.
– *C. japonica* **'Snowman'**: päonienförmig.
– *C. × williamsii* **'China Clay'**: halbgefüllt.
– *C. sasanqua* **'Early Pearly'**: vollständig gefüllt.
– *C. sasanqua* **'Kenkyo'**: einfach, Blüten mittelgroß.

Hydrangea – Hortensien

– *H. macrophylla* „Lacecap-Typ" **'Libelle'**: perfekte flache Blütenstände.
– *H. macrophylla* „Mophead-Typ" **'Madame Emile Mouillère'**: die klassische weiße Hortensie.
– *H. arborescens* **'Annabelle'**: rein weiße, kugelige Blütenköpfe.
– *H. paniculata* **'Floribunda'**, Rispen-Hortensie: etwas für große Gärten.
– *H. paniculata* **'Kyushu'**, Rispen-Hortensie: Duftend! Etwas für den kleinen Garten.
– *H. paniculata* **'Praecox'**, Rispen-Hortensie: Blüht am vorjährigen Holz Ende Juni, darf deshalb im Frühjahr nicht geschnitten werden.
– *H. quercifolia* **'Snowflake'**, Eichenblättrige Hortensie: Traubenförmige Blütenstände mit gefüllten Einzelblüten. Duftend! Schöne Herbstfärbung, halbimmergrün.

Stauden

Campanula – Glockenblumen

– *C. alliariifolia*, Lauchblättrige Glockenblume: cremeweiße, hängende Blütenglocken im Mai und Juni; herzförmige Blätter; buschig, 60 cm hoch, 50 cm breit; bildet Ausläufer.
– *C. glomerata* **'Schneekrone'**, Knäuel-Glockenblume: große, weiße Glocken sitzen dicht an den Stielenden; 50 cm hoch; nur während der Blütezeit dekorativ;
– *C. × haylodgensis* **'Warley White'**: halbgefüllte bis gefüllte Blüten; sonniger Standort; 8 bis 15 cm; für Steingärten und Mauern. Etwas für Liebhaber.
– *C. lactiflora* **'Alba'**, Riesen-Dolden-Glockenblume: breite, große, nickende weiße Glocken an aufrechten, verzweigten Stielen; 1 m hoch und 60 cm breit.
– *C. lactiflora* **'White Pouffe'**: im ganzen zierlicher, 25 mal 40 cm.
– *C. persicifolia* **'Alba Plena'** (auch **'Alba Coronata'**), Pfirsichblättrige Glockenblume: weiße, halbgefüllte Blüten mit 2 bis 3 Reihen Blütenblätter; 50 mal 30 cm; Juli und August.
– *C. persicifolia* **'Boule de Neige'**: rein weiße, dicht gefüllte Blüten, spätblühend; ca. 60 cm hoch, entzückende Sorte.
– *C. poscharskyana* **'Alba'**, Hängepolster-Glockenblume: kleine, rein weiße Sterne im Juni bis September; breitet sich stark aus; 15 mal 60 cm.
– *C. poscharskyana* **'E. H. Frost'**: mit einem Hauch von Blau an der Basis der Blütenblätter.
– *C. poscharskyana* **'White Star'**: viele hübsche weiße Sterne aus 5 Blütenblättern; kurze Blüten- und Blattstiele.

– *C. trachelium* **'Alba Plena'**, Nesselblättrige Glockenblume: weiße, gefüllte, trichterförmige Blüten; sehr dekorativ; 40 cm hoch.

Iris – Schwertlilien

– Barbata-Elatior-Gruppe, Hohe Bartiris: **'Arctic Age'**: schneeweiße, große, gewellte Blüten im Juni, Höhe bis 80 cm; neue Sorte. **'Departure'**: rein weiße, früh und lang blühende neue Sorte, Höhe 60 cm. **'Skating Party'**: rein weiße, wunderschöne, leicht duftende Blüte; sehr blühfreudig; Blüte Mitte Mai bis Mitte Juni; Höhe bis 80 cm.
– *I. ensata* **'Innocence'**, Bartlose japanische Sumpf-Iris: weiße, sehr breite, flache Blüten mit blauer Äderung und gelber Mitte, Blüte Juni bis Juli; Höhe 60 bis 80 cm; braucht schweren, feuchten, leicht sauren Boden im Halbschatten; geeignet für Wasser- oder Sumpfgärten.
– *I. germanica* **'Florentina'**, Deutsche Schwertlilie: weiß mit einem Hauch von Hellblau, gelber Bart, süßer, an Veilchen erinnernder Duft, Juni bis Juli. Ihre Rhizome werden als Veilchenwurzel gehandelt. Höhe bis 60 cm.
– *I. × hollandica* (Hollandica-Gruppe): **'Casablanca'**: rein weiße Blüten mit kleinem gelbem Fleck; Juni bis Juli; Höhe 50 bis 60 cm; eignet sich zum Verwildern.
'White Perfection': rein weiße, perfekte Blüte mit kleinem, orangefarbenem Fleck; Juni bis Juli; schönes dunkelgrünes Laub; Höhe 50 bis 60 cm.
– *I. reticulata* **'Alba'**, Kleine Netzblatt-Iris: weiße, grazile Blüten mit gelbem Kamm, nach Veilchen duftend im März; Höhe 10 bis 15 cm; kleine Zwiebeln mit netzartiger Zeichnung.
– *I. sanguinea* **'Snow Queen'**, Frühe Bartlose Sibirische Schwertlilie: weiß, elegante Blüten; Juni bis Juli; sehr schönes Laub; Höhe 60 bis 80 cm; Halbschatten; feuchter Boden.
– *I. sibirica* **'Little White'**, Bartlose Sibirische Schwertlilie, Wiesen-Iris: weiße, hübsche kleine Blüten, 2 bis 3 pro Stängel; Blütezeit Juni bis Juli; Höhe 30 cm; bevorzugt feuchten, sumpfigen Boden. **'Weißer Orient'**: rein weiße, schön geformte, große Blüten im Juli; dichtes, schilfartiges Laub; Höhe 80 cm. **'White Swirl'**: weiße Blüten mit gelbem Innerem; auffallende, runde Blütenblätter; Blüte im Juli; Höhe 80 cm.
– *I. unguicularis* **'Alba'**, Bartlose Winter-Iris: cremeweiße Blüten mit etwas Gelb im November bis April, süß-fruchtiger Duft; grasähnliches, immergrünes Laub; Höhe 30 cm; geschützter Standort am Fuß einer sonnigen Mauer ist ideal.

Paeonia – Stauden-Päonien

– *P. lactiflora*, Edel-Päonien:
'Baroness Schröder': nur anfangs etwas rosa getönt, sehr groß, kugelig, leicht duftend; ab Mitte Juni; Stiele fest, gut als Schnittblume; Höhe 80 cm.
'Bowl of Cream': rein weiß, dicht gefüllt, kugelig; zeigt goldfarbene Staubgefäße; Anfang bis Mitte Juni; Höhe 75 cm.
'Carrara': rein weiße Blütenblätter umgeben ein lockeres Büschel hellgelber Staubgefäße; feiner Duft; Anfang bis Mitte Juni; Höhe 90 cm.
'Dr. F G Brethour': weiße, große, gefüllte Blüten; sehr anmutig; für eine Pfingstrose herrlicher Duft; ab Mitte Juni.
'Duchesse de Nemours': weiße, gefüllte Blüten mit grünlich gelber Mitte, die später auch weiß wird; ab Ende Mai; leichter Duft; gut als Schnittblume; Höhe 1 m.
'Minnie Shaylor': rein weiß, halbgefüllt, mit karmesinroten Fruchtknoten in einem Kranz gelber Staubfäden; ab Ende Mai; Höhe 70 cm.
'Moon over Barrington': cremeweiße, gefüllte Blüten mit würzigem Duft; niedriger, gedrungener Wuchs; ab Anfang Juni; Höhe 60 cm.

'Snow Mountain': schneeweiße, gefüllte Blüten mit erhöhter Mitte; im Aufblühen leicht rosa; angenehmer Duft; ab Anfang Juni.
'Stardust': rein weiße, einfache Blüten mit goldgelben, prominenten Staubgefäßen; sehr elegant; ab Mitte Mai; Höhe 70 cm.
'White Wings': rein weiß, groß, einfach, schalenförmig, duftend; ab Anfang Juni; schönes, dunkelgrünes, glänzendes Laub; rote Herbstfärbung; 90 cm hoch.
– *P. emodii:* schneeweiße, einfache, schalenförmige Blüten mit vorstehenden, gelben Staubgefäßen; zart duftend; Blüte im Juni; farnartiges Laub; lichter Schatten und Winterschutz; Höhe 60 bis 70 cm.

Phlox – Flammenblumen

– *P. paniculata* **'Fujiyama'** (auch **'Mount Fuji'**): schneeweiße Blütenpyramiden, typischer Duft, besonders am Abend; Höhe 75 cm.
– *P. paniculata* **'Mia Ruys'**: rein weiß, große Einzelblüten in lockeren Rispen; frühe Blüte ab Ende Juni; Höhe 50 cm;
– *P. paniculata* **'White Admiral'**: weiße Blüten in zylindrischen Rispen, herrlicher Duft; Höhe 90 cm.
– *P. bifida* **'Colvins White'**, Sand-Phlox: rein weiße Blüten in lockeren Blütenständen, süßer Duft; April bis Mai; 10 bis 20 cm hohe Polster; in milden Gegenden immergrün.
– *P. douglasii* **'Iceberg'**, Polster-Phlox: weiße Blüten mit bläulichem Schimmer, Mai bis Juni; zierliche Polster, 10 cm hoch, wintergrün.
– *P. maculata* **'Schneelawine'**, Wiesen-Phlox: weiße, kleine Blüten in lockeren, konischen Rispen; süß-pfeffrig duftend; Juli bis August; Höhe 90 cm.
– *P. stolonifera* **'Ariane'**, Kriechender Phlox: strahlendweiße Blüten in endständigen Trugdolden; Ende April bis Juni; bildet schnell große Kissen; Höhe 10 bis 15 cm; braucht leicht sauren Boden, halbschattige bis schattige Lage.
– *P. subulata* **'Maischnee'**, Moos-Phlox: rein weiße Blüten aus fünf einzeln stehenden Blütenblättern; Mai bis Juni; teppichartiger Wuchs; Höhe 10 bis 15 cm; für warme, trockene Böden.
– *P. subulata* **'White Delight'**: sehr ähnlich, etwas lockerer im Wuchs.

Zwiebel- und Knollenpflanzen

Lilium – Lilien

– *L. candidum*, Madonnen-Lilie: leuchtendweiße Trichterblüten mit gelben Staubbeuteln; bis zu 20 an einem Stängel; süßer, intensiver Honigduft; Juni bis Juli; Höhe 1 bis 1,5 m; überwintert als einzige Lilie mit einer hellgrünen Blattrosette; Pflanzzeit Juli und August; setzt keine Samen an.
– Candidum-Hybride: **'Apollo'**: cremeweiße, relativ kleine Blüten mit braunen Staubbeuteln; feiner Duft; Höhe 75 cm.
– Orient-Hybride: **'Casablanca'** (auch **'Casa Blanca'**): rein weiße Blütenschalen mit orangefarbenen Staubbeuteln; süß duftend; August; Höhe 1,20 m.
– *L. longiflorum*, Oster-Lilie: rein weiße, trichterförmige, bis 20 cm lange, sehr edle Blüten; betörender Duft; Blütezeit August; Höhe 1 m; ist bei uns nicht winterhart und nur für Topfhaltung geeignet; besonders schöne Sorten: **'Lorina'**, **'White Elegance'** und **'White Queen'**.
– *L. martagon* **'Album'**, Türkenbund-Lilie: weiße, hängende Blüten mit zurückgerollten Blütenblättern; Juni bis Juli; Höhe bis 1 m; für Halbschatten; zum Verwildern geeignet.
– *L.* **'Olivia'**: rein weiße, 15 cm lange Blüten ohne Duft; Juli und August; sehr wuchsfreudig; Höhe 70 cm.
– *L. speciosum* **'Album'**, Prächtige Lilie: rein weiße, genoppte Blüten mit interessant zu-

rückgebogenen Blütenblättern und weit herausragenden Staubgefäßen; leichter Duft; August und September; Höhe gut 1 m; braucht sauren Boden und Halbschatten.
– Asiatische Hybride: **'Umbria'**: weiße, becherförmige, aufrecht stehende Blüten mit braunroten Staubbeuteln; Juli; Höhe gut 1 m; sehr bodentolerant.
– *L. wallichianum*: cremeweiße, weit geöffnete Trompeten, bis zu 4 an einem Stängel; intensiver, süß-würziger Duft; Höhe 1 m; September und Oktober; bei uns nicht winterhart, nur für Kultur in Töpfen.
– *L. lancifolium*-Hybride **'White Twinkle'**, Tiger-Lilie: weiße, nickende Blüten mit purpurfarbenen Tupfen im Innern und weit herausragenden dunkelroten Staubbeuteln; Juli; Höhe bis 1,20 m; anspruchslose Neuheit, geeignet für Halbschatten.

Narcissus – Narzissen

– Div. 1 Trompeten-Narzissen: **'Broughshane'**: große, rein weiße Blüte, Trompete am Rand verbreitert, leicht gewellt; April; Höhe 45 cm.
– Div. 3; Kleinkronige Narzissen: **'Polar Ice'**: rein weiße Blüten mit kleiner, flacher Nebenkrone und herrlichem Duft; April und Mai; entzückende Sorte; Höhe 50 cm.
– Div. 4 Gefülltblühende Narzissen, oft auch Div. 9 Dichter-Narzissen: **N. poeticus 'Flore Pleno'** (auch **'Albus Plenus Odoratus'**): schneeweiße, locker gefüllte Blüte mit herrlichem Duft; Mai; Höhe 35 cm; Standort kühl und etwas feucht.
– Div. 5 Engelstränen-Narzissen: **'Thalia'**: milchweiße, kleine Blüten, 3 bis 6 pro Stengel; unregelmäßig geformte Kronblätter wie Propeller; April und Mai; Höhe 35 cm.
– Div. 6 Alpen-Veilchen-Narzissen: **'Jenny'**: milchweiße Blüten, lange, schmale Nebenkrone; 1 bis 2 Blüten pro Stängel; lange haltbar; ab Ende März; Höhe 30 cm; bevorzugt einen kühlen Standort.
– Div. 9 Dichter-Narzissen: **'Actaea'**: rein weiße Kronblätter, Nebenkrone gelb mit rotem Rand; intensiver, süßer, warmer Duft; Höhe 35 cm.
– Div. 11 Spaltkronige Narzissen: **'Colblanc'**: im Aufblühen cremegelb, danach schnell weiß; eine andersartige Blütenform mit anmutig gedrehten Kronblättern und nicht zu erkennender Nebenkrone; Blütezeit ab Ende März.

Verzeichnisse

Ausgewählte Bezugsquellen

Spezielle Bezugsquellen für weiß blühende Pflanzen gibt es meines Wissens nicht. Folgende Anbieter haben nach meiner Erfahrung ein besonders reiches Angebot an Pflanzen für den weißen Garten:

Deutschland

Staudengärtnerei Gaissmayer
Jungviehweide 3; 89257 Illertissen
www.gaissmayer.de

Staudengärtnerei Gräfin von Zeppelin
Weinstrasse 2; 79295 Sulzburg-Laufen
www.graefin-v-zeppelin.com
[Päonien, Iris]

Holger Hachmann, Baumschule
Brunnenstr. 68; 25355 Barmstedt
www.baumschule-hachmann.de
[Rhododendren und Gehölze]

Martina Härtl, Ihr Gartenbau
Am Frieselbach 3; 34305 Niedenstein
www.ihrgartenbau-haertl.de
[Alpine Raritäten wie Hepatica alba]

Albrecht Hoch
Potsdamer Str. 40; 14163 Berlin
Tel. 030/80 26 251, Fax 030/80 26 222
[Zwiebel- und Knollenpflanzen]

Huben GmbH, Baumschulen
Schriesheimer Fußweg 7; 68526 Ladenburg
www.huben.de
[Bäume und Sträucher; Kamelien, auch herbstblühende; Stauden]

Staudengärtner Klose
Rosenstr. 10; 32453 Lohfelden
Tel. 0561-51 55 55, Fax 0561-51 51 20
www.staudengaertner-klose.de
[Stauden, Päonien]

Walter Klotz, Kamelien-Kulturen
Auf der Trift 13; 63329 Egelsbach
www.klotz-kamelien.de

Uwe Knöpnadel, Friesland Staudengarten
Husumer Weg 16; 26441 Jever/Rahrdum
www.friesland-staudengarten.de
[Zwiebel- und Knollenpflanzen]

Wolfgang Linnemann
Rheindorfer Str. 49; 53225 Bonn
Tel. 0228/47 14 48, Fax 0228/47 12 47
www.paeonien.de
[Strauch-Päonien]

Rosenhof Schultheis
Bad Nauheimer Str. 3; 61231 Bad Nauheim-Steinfurth
www.Rosenhof-Schultheis.de

Staudengärtnerei Simon
Staudenweg 2; 97828 Marktheidenfeld
www.gaertnerei-simon.de

Syringa Duft- und Würzkräuter,
Bernd Dittrich
Bachstr. 7; 78247 Hilzingen-Binningen
www.syringa-samen.de

Westphal, Friedrich M., Clematis-Kulturen
Peiner Hof 7; 25497 Prisdorf
www.clematis-westphal.de

Wörlein Baumschulen
Baumschulweg 9; 86911 Dießen am Ammersee
www.woerlein.de
[Bäume und Sträucher]

Ausland

Boomkwekerij Gebr. van den Berk B.V.
Donderdonk 4; NL-5492 VJ, Sint Oedenrode
www.vdberk.nl
[Bäume]

Broadleigh Gardens
Bishops Hull, Taunton, Somerset
TA4 1AE, GB
www.broadleighbulbs.co.uk
[Zwiebel- und Knollenpflanzen]

Baumschule Eisenhut
CH 6575 San Nazzaro/Tessin/Schweiz
www.eisenhut.ch
[Kamelien, Magnolien, Wisteria, Citrus]

C. Esveld
Rijneveld 72; NL-2771 XS Boskoop
www.esveld.nl
[Bäume und Sträucher]

Kwekerij Het Wilgenbroek,
Wilgenbroekstraat 60; B-8200 Oostkamp
www.hetwilgenbroek.be
[Helleborus]

Nuccio's Nurseries
P.O. Box 6160
Altadena, Cal. 91001 / USA
[Kamelien]

Ringhaddy Daffodils, [vereint mit Ballydorn]
60 Ringhaddy Road – Killinchy Co.
Down BT23 6TU/Nordirland
Tel. +44/28 97 54 10 07,
Fax +44/28 97 54 22 76
eMail: ringdaff@nireland.com
[Narzissen]

Rotherview Nursery with Coghurst
Camellias
Ivyhouse Lane, Three Oaks
Hastings TN35 4NP, GB
[Kamelien]
F. Theelen en Zonen, Harry Theelen
Elmpter Weg 51; NL-6042 KJ Roermond
Tel. +31/47 53 29 361,
Fax +31/47 53 27 229
eMail: theelen.vof@wolmail.nl
[Magnolia grandiflora und Lagerstroemia]

Pieter Zwijnenburg jr.
Halve Raak 18; NL-2771 AD Boskoop
Tel. +31/17 22 16 232,
Fax +31/17 22 18 474
[Bäume und Sträucher]

Weiterführende Literatur

BRICKELL, CHRISTOPHER (Hsg.): Die neue Enzyklopädie der Garten- und Zimmerpflanzen, Dorling Kindersley, Starnberg 2000.
BRICKELL, CHRISTOPHER (Hsg.): The Royal Horticultural Society A–Z Encyclopedia of Garden Plants, Dorling Kindersley, London/UK 2003.
BROWN, DENI: Alba, The Book of White Flowers, Timber Press, London/UK 1989.
DIRR, MICHAEL: Dirr´s Hardy Trees and Shrubs, Timber Press, Portland/USA 1997.
DIRR, MICHAEL: Dirr´s Trees and Shrubs for Warm Climates, Timber Press, Portland/USA 2002.
ERHARDT, ANNE und WALTER: PPP-Index, Pflanzeneinkaufsführer für Europa, 3. Aufl., Verlag Eugen Ulmer, Stuttgart 1997.
ERHARDT, W.; GÖTZ, E.; BÖDEKER, N.; SEYBOLD, S.: Zander, Handwörterbuch der Pflanzennamen, 17. Aufl., Verlag Eugen Ulmer, Stuttgart 2002.
FITSCHEN, JOST: Gehölzflora 11. Aufl., Quelle & Meyer, Wiesbaden 2002.

Frank, Reinhilde: Zwiebel- und Knollengewächse, Verlag Eugen Ulmer, Stuttgart 1997.
Griffiths, Mark: Index of Garden Plants, The Royal Horticultural Society Dictionary, Timber Press, London/UK 1994.
Hansen, R.; Stahl, F.: Die Stauden und ihre Lebensbereiche, 3. Aufl., Verlag Eugen Ulmer, Stuttgart 1987.
Hillier Nurseries: The Hillier Manual of Trees and Shrubs, 8. Aufl., David & Charles, Newton Abbot/UK 2002.
Huxley, A.; Griffiths, M.; Levy M.: The New Royal Horticultural Society Dictionary of Gardening (4 Bände), Timber Press, London 1994.
Plantenfinder voor de lage landen, 5. Aufl., Warnsveld/NL, 2003.
RHS Plant Finder 2005-2006, 18. Aufl., Dorling Kindersley Ltd. London, 2005.
Schmeil, O.; Fitschen, J.; Senghas, K.; Seybold, S.: Flora von Deutschland, 92. Aufl., Quelle & Meyer, Wiesbaden 2005.
Urban, Helga: Ein weißer Garten, Verlag Eugen Ulmer, Stuttgart 1997.
Urban, Helga: Ein Garten der Düfte, BLV, München 1999.
Urban, Helga: Duftpflanzen rund ums Haus, BLV, München 2001.
Urban, Helga: Duftgärten, BLV, München 2003.
Urban, Helga; Hagen, T: Garten easy, BLV, München 2003.
Urban, Helga & Klaus: Kamelien, 3. Aufl., Verlag Eugen Ulmer, Stuttgart 2000.
Urban, Helga & Klaus: Kamelien im Garten, 2. Aufl., Verlag Eugen Ulmer, Stuttgart 2003.
Van den Berk: Van den Berk über Bäume, Boomwekerij Sint Oedenrode/NL, 2002.

Bildquellen

Van den Berk Baumschulen, Niederlande: 16, 21
Peter Dietze, Braunschweig: 45
Esveld Baumschulen, Niederlande: 23, 37, 49, 73
Hermann Fuchs, Hof: 108, 143, 159, 160
GBA/Didillon: 74/75
GBA/Nichols: 138/139
GBA/Strauß: 164/165
Tobias Görner, Hofheim am Taunus: Umschlagfotos
Holger Hachmann, Baumschule: 51, 58, 61
Martin Haberer, Nürtingen: 31, 38, 55, 84/85, 94, 101, 112, 150
Klaus Kaiser, Coburg: 4, 7, 33, 90, 99, 105, 129, 130
Dr. h. c. Fritz Köhlein, Bindlach: 18, 59, 92, 135, 152, 161, 177
Fritz Kummert, Rollsdorf, Österreich: 28/29, 62, 69, 78, 86, 88, 97, 125, 140, 141
Geoffrey Looker, Berkshire, Großbritannien: 146
Sebastian Seidl, Altdorf-Eugenbach: 26
Daan Smit, Haarlem, Niederlande: 24, 25, 36, 39, 41, 50, 79, 100, 119, 127, 142, 156, 168, 173
Klaus & Helga Urban, Frankfurt/Main: 2, 5, 10/11, 12, 13, 14, 15, 17, 19, 20, 22, 27, 30, 32, 34, 35, 40, 42, 43, 44, 46, 47, 48, 52, 53, 54, 56, 57, 60, 63, 64, 65, 66, 67, 68, 70, 71, 72, 76, 77, 80, 81, 82, 83, 87, 89, 91, 93, 95, 96, 98, 102, 103, 104, 106, 107, 109, 110, 111, 114, 115, 116, 117, 118, 120, 121, 122, 123, 124, 126, 128, 131, 132, 133, 134, 136, 137, 144, 145, 147, 148, 149, 151, 153, 154, 155, 157, 158, 162, 163, 166, 167, 169, 170, 171, 172, 174, 175, 176
Wöhrlein Baumschulen, Dießen am Ammersee: 113

Arthur Piestricow, Stuttgart: Farbkreis auf S. 6, wiederverwendet aus der Florist 1, Verlag Eugen Ulmer, 2005.
Helmuth Flubacher, Waiblingen: Zeichnungen S. 9 nach Vorlagen der Autorin, Symbole nach Vorlagen des Verlages.
Acidanthera 151

Register

Agapanthus 86
Akelei 89
Allium 140
Alpenmohn 123
Alpenveilchen 145
Alte Rosen, einmal blühend 62, 63
Alyssum 172
Amelanchier 12
Andenstrauch 41
Anemone 87, 141
Anthericum 88
Aquilegia 89
Arabis 90
Aronstab 163
Aster 91
Astilbe 92
Astlose Graslilie 88
Astrantia 93
Azalee 61

Bacopa 166
Bartfaden 125
Bechermalve 171
Bergenia 94
Bergtabak 176
Betula 13
Birke 13
Blauregen 83
Blausternchen 160
Bluebells 152
Blut-Storchschnabel 109
Blutwurz 131
Blutwurzel 131
Bohnenkraut 132
Brennender Busch 103
Brugmansia 30
Buddleja 31

Camellia 32, 180
Campanula 95, 180
Cardiocrinum 142
Catalpa 14
Chinesische Wildbirne 26
Chinesischer Perlstrauch 42
Chionanthus 33
Choisya 34
Christrose 111
Citrus 35
Clematis 76
Clethra 36
Colchicum 143
Convallaria 96
Cornus 15, 97
Corydalis 98
Cosmos 167
Crambe 99
Crataegus 16
Crocus 144
Cyclamen 145

Dahlia 146
Dahlie 146
Daphne 37
Datura 30
Davidia 17
Delphinium 100
Deutzia 38
Deutzie 38
Dianthus 101
Dicentra 102
Dictamnus 103
Digitalis 168
Diptam 103
Dreiblatt 136
Duftblüte 55
Duftgeranie 124
Duft-Schneeball 71
Duftsteinrich 172
Duftwicke 79

Echinacea 104
Echter Jasmin 78
Edeldistel 169
Edel-Päonie 122
Elfenbein-Mannstreu 169
Elfenblume 105
Engelstrompete 30
Enkianthus 39
Entenschnabel-Felberich 118
Entenschnabel-Weiderich 118
Enzian 108
Epimedium 105
Erica 40
Erika 40
Eryngium 169
Erythronium 147
Escallonia 41
Exochorda 42

Falscher Jasmin 57
Farbkreis 6
Federbuschstrauch 43
Feder-Nelke 101
Felsenbirne 12
Fingerhut 168
Fingerstrauch 59
Flächenrosen 65
Flammenblume 126, 182
Fleischbeere 67
Flieder 70
Fothergilla 43
Fritillaria 148
Frühlings-Spiere 69
Fuchsia 44
Fuchsie 44
Funkie 114

Galanthus 149
Galium 106
Galtonia 150
Gänsekresse 90
Gartenjasmin 57
Garten-Krokus 144
Garten-Levkoje 174
Gaura 107
Gedenkemein 121
Geißblatt 80
Gentiana 108

Geranie 124
Geranium 109
Gipskraut 110
Gladiole 151
Gladiolus 151
Glanzmispel 24
Glockenblume 95, 180
Glyzine 83
Graslilie 88
Gypsophila 110

Halesia 18
Hartriegel 15, 97
Hasenglöckchen 152
Hebe 45
Heide 40
Helleborus 111
Hepatica 112
Heptacodium 46
Herbst-Alpenveilchen 145
Herbst-Anemone 87
Herbst-Zeitlose 143
Herz, Tränendes 102
Herzblume 102
Hesperis 170
Heuchera 113
Hibiscus 47
Himalaya-Birke 13
Himmelsbambus 53
Holunder 66
Honigtöpfchen 73
Hortensien 48, 77, 180
Hosta 114
Hundszahn 147
Hyacinthoides 152
Hyacinthus 153
Hyazinthe 153
Hydrangea 48, 77

Immergrüne Magnolie 20
Indianernessel 120
Iris 115, 181

Japan-Anemone 87
Japanische Kirsche 25
Jasmin, Echter 78
Jasmin, Falscher 57
Jasmin-Nachtschatten 82
Jasminum 78
Judas-Silberling 173

Kalla 163
Kalmia 49
Kamelie 32, 180
Kanadischer Hartriegel 97
Karpaten-Glockenblume 95
Keulen-Enzian 108
Kirsche, Japanische 25
Kletter-Hortensie 77
Kletterrosen 81
Knotenblume 154
Kochs Enzian 108
Königs-Lilie 155
Kosmee 167
Kräuselmyrte 19
Krokus 144
Küchenschelle 130
Kuhschelle 130
Kupfer-Felsenbirne 12

Lagerstroemia 19
Lamium 116
Lathyrus 79
Lauch 140
Lavandula 50
Lavatera 171
Lavendel 50
Lavendelheide 58
Leberblümchen 112
Ledum 51
Lerchensporn 98
Leucojum 154
Levkoje 174
Liebesblume 86
Lilie 155, 182
Lilium 155, 182
Liriope 117
Lobularia 172
Löffelblatt 94
Lonicera 80
Lorbeerrose 49
Lunaria 173
Lungenkraut 129
Lysimachia 118

Magnolia 20, 21, 22, 52
Magnolie 20, 21, 22, 52
Maiglöckchen 96
Malus 23
Malva 119
Matthiola 174
Meerkohl 99
Mexikanische Orange 34
Mohn 123
Monarda 120
Mondviole 173
Moschusmalve 119
Muscari 156
Myosotis 175
Myrten-Aster 91

Nachtviole 170
Nandina 53
Narcissus 157, 183
Narzisse 157, 183
Nelke 101
Nerium 54
Nicotiana 176
Nieswurz 111

Oktober-Steinbrech 133
Oleander 54
Omphalodes 121
Orange, Mexikanische 34
Orangenblume 34
Osmanthus 55
Paeonia 56, 122, 181

Palmlilie 72
Päonien 56, 122
Papaver 123
Pelargonie 124
Pelargonium 124
Penstemon 125
Perlstrauch, Chinesischer 42
Pfeifenstrauch 57
Pfingstrosen 56, 122
Pfingst-Veilchen 137
Philadelphus 57

Phlox 126, 182
Photinia 24
Pieris 58
Polianthes 158
Polygonatum 127
Porst 51
Potentilla 59
Prachtglocke 39
Prachtkerze 107
Prachtspiere 92
Primel 128
Primula 128
Prunus 25
Pulmonaria 129
Pulsatilla 130
Purpurglöckchen 113
Purpurregen 113
Puschkinia 159
Puschkinie 159
Pyrus 26

Rambler 81
Rhododendron 51, 60, 61
Riesenbalsam 120
Riesenlilie 142
Riesenschleierkraut 99
Rittersporn 100
Rosa 62, 63, 64, 81
Rosen 62, 63, 64, 81
Rosen-Eibisch 47
Rosenlorbeer 54
Rudbeckia 104

Salbei 177
Salomonssiegel 127
Salvia 177
Sambucus 66
Sanguinaria 131
Sarcococca 67
Satureja 132
Saxifraga 133
Scabiosa 134
Schachbrettblume 148
Schattenglöckchen 58
Schaumblüte 135
Scheineller 36
Scheinsonnenhut 104
Schleierkraut 110
Schmetterlingsstrauch 31
Schmuckkörbchen 167
Schmucklilie 86
Schneeball 71
Schneeflöckchen 166
Schneeflockenstrauch 33
Schneeglöckchen 149
Schneeglöckchenbaum 18
Schwertlilie 115, 181
Scilla 152, 160
Seidelbast 37
Silberblatt 173
Skabiose 134
Skimmia 68
Skimmie 68
Solanum 82
Sommerhyazinthe 150
Sommerjasmin 57
Sommer-Knotenblume 154
Sommer-Magnolie 52
Sommermalve 171
Spiere 69
Spierstrauch 69
Spiraea 69
Stauden-Päonie 122, 181
Stauden-Phlox 126
Stechapfel 30
Steinbrech 133
Sternbergia 161
Sternbergie 161
Sterndolde 93
Stern-Gladiole 151
Stern-Magnolie 22
Storaxbaum 27
Storchschnabel 109
Strahlen-Anemone 141
Strauch-Päonie 56
Strauch-Pfingstrose 56
Strauchrosen 64
Strauchveronika 45
Styrax 27
Sutera 166
Sweet Alyssum 172
Symbole, Erläuterungen 4f
Syringa 70

Taschentuchbaum 17
Taubenbaum 17
Taubnessel 116
Tiarella 135
Tränendes Herz 102
Traubenhyazinthe 156
Trillium 136
Trompetenbaum 14
Tuberose 158
Tulipa 162
Tulpe 162

Veilchen 137
Vergißmeinnicht 175
Viburnum 71
Viola 137

Wald-Geißblatt 80
Waldmeister 106
Waldrebe 76
Wald-Schaumblüte 135
Weißdorn 16
Wildbirne, Chinesische 26
Wisteria 83

Yucca 72

Zantedeschia 163
Zenobia 73
Zier-Apfel 23
Zier-Birne 26
Zier-Kirsche 25
Zier-Lauch 140
Zier-Tabak 176
Zimterle 36
Zitrone 35
Zwerg-Akelei 89
Zwerg-Schwertlilie 115

PPP-Index
Pflanzenportrait
Magnolia stellata